有趣的化学基础百科

金属

METALS

[美] 朱莉·麦克道尔 著
李光大 译

上海科学技术文献出版社
Shanghai Scientific and Technological Literature Press

图书在版编目（CIP）数据

金属 /（美）朱莉•麦克道尔著；李光大译．—上海：上海科学技术文献出版社，2024
ISBN 978-7-5439-8997-9

Ⅰ．①金…　Ⅱ．①朱…②李…　Ⅲ．①金属—青少年读物　Ⅳ．① O614-49

中国国家版本馆 CIP 数据核字 (2024) 第 014177 号

图字：09-2020-499

选题策划：张　树
责任编辑：苏密娅　姚紫薇
封面设计：留白文化

金属
JINSHU
[美]朱莉•麦克道尔　著　李光大　译
出版发行：上海科学技术文献出版社
地　　址：上海市长乐路 746 号
邮政编码：200040
经　　销：全国新华书店
印　　刷：商务印书馆上海印刷有限公司
开　　本：650mm×900mm　1/16
印　　张：5.5
版　　次：2024 年 2 月第 1 版　2024 年 2 月第 1 次印刷
书　　号：ISBN 978-7-5439-8997-9
定　　价：38.00 元
http://www.sstlp.com

Contents 目 录

Chapter 01

第 1 章

金属简介

无论此刻你在哪里阅读这本书，不管是在学校，在家里，还是在外面某个地方，环顾四周，你都会发现身边围绕着化学元素。这些化学元素不仅构成了我们呼吸的空气和饮用的水，还构成了我们的身体以及世界万物。到目前为止，118 种已知元素组成了元素周期表。元素周期表是一个用来组织元素的网格。元素不能通过普通的化学或物理手段分解成更简单的形式，但当它们通过化学方式结合在一起时，就成了构成世界上的各种物质。

大约 75% 的元素被归类为金属。金属包括金、铜、银、锡、铁、铝等。许多金属都坚硬而有光泽，但也有例外，比如，食盐中的钠和钙都是金属，但这两种金属都很软。还有一种金属元素汞，在常温下是液体。

图 1.1　金属及其特性示例：（a）由锤打和压平后的金属制成的硬币；（b）金属钠很容易与氯发生反应形成盐；（c）具有延展性的铜可以被拉成金属线；（d）导电性良好的金属可应用于计算机芯片

许多金属具有共同的特性：

导电性：金属是电的良导体，经常被用在电子产品上，比如电视、MP3 播放器和计算机。电线和大多数汽车都是由金属制成的。银和铜的导电性最好。

反应性：大多数金属很容易通过物理或化学手段与其他物质结合。比如，两种或两种以上的金属可以结合形成一种叫合金的混合物。但合金不是化学反应的结果；两种金属之间的化学反应会产生化合物。大多数金属能与元素周期表上的其他元素形成化合物。例如，钠和钾是两种对水非常敏感的金属。当钠与水反应时，会生成氢氧化钠溶液和氢气。当钾与水反应时，也会生成氢气，以及氢氧化钾溶液。许多金属，比如铜、锌和铂，可以作为催化剂，加速化学反应。然而，在反应结束后，催化剂不会发生任何变化。

延展性：大多数金属可以被锻打或滚压成薄片，说明它们具有延展性。金属的柔韧性使其具有延展性，可以被拉成金属线。延展性使金属能被应用到电子产品以及眼镜框等物品中。

金属的化学成分

前面提到，元素无法通过普通方法分解为其他更简单的成分。化学元素由原子组成，原子由三种粒子组成，即质子、中子和电子。

质子和中子位于原子核内。质子带一个正电荷，而中子不带电。电子比质子或中子小得多，只带一个负电荷。电子在名为电子层的区域内围绕原子核快速运动。原子可以有多个电子层。与离原子核较远的电子层中的电子相比，离原子核最近的电子层中的电子受原子核的约束更大。

当一种元素处于正常状态时，电子数和原子核中的质子数相等。在这种状态下，质子所带的正电荷与电子所带的负电荷相等。因为每种元素的质子、中子和电子数量不同，因此每种

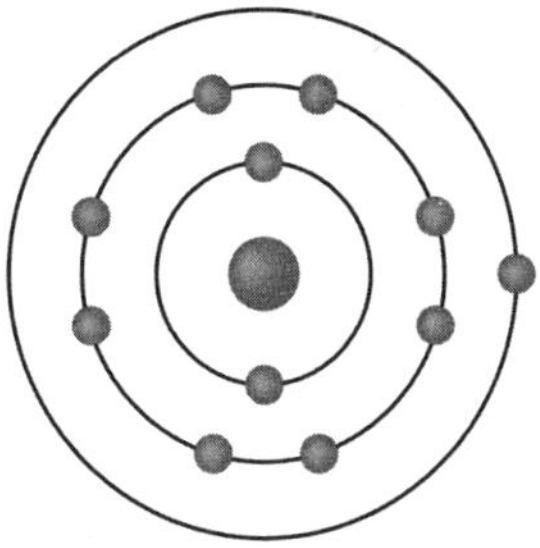

图 1.2　钠原子电子层

注：一个钠原子中有 11 个电子：2 个在最内层，8 个在中间一层，1 个在最外层。

化学元素都有其特性。这些特性决定了一种元素与其他元素化合时的反应。元素原子核中的质子数也是该元素的原子序数。比如，氢有一个质子，所以，它的原子序数是1。钠有11个质子，它的原子序数是11。元素周期表是按照每种元素的质子数排列的，也就是说，元素的原子序数随质子数的增加而增大。

每个电子层有多少个电子呢？最内层可以容纳2个电子（氢原子在正常状态下只有一个电子，位于内层），但其他能量层最多能容纳8个电子。

最外层电子，也就是离原子核最远的电子，是最需要我们去了解的，这些电子参与化学键形成的过程。最外层的电子叫价电子，金属元素的最外层通常有1到3个电子，相比之下，非金属的最外层通常有5到8个电子。

由于金属元素中的价电子很少，所以金属元素中的电子很容易运动到其他容易得到电子的原子中。非金属元素中的价电子比金属元素中的多，它们很容易得到外来电子来填满最外层的电子层。

当一个原子失去或得到一个电子时，会产生一个电荷，这

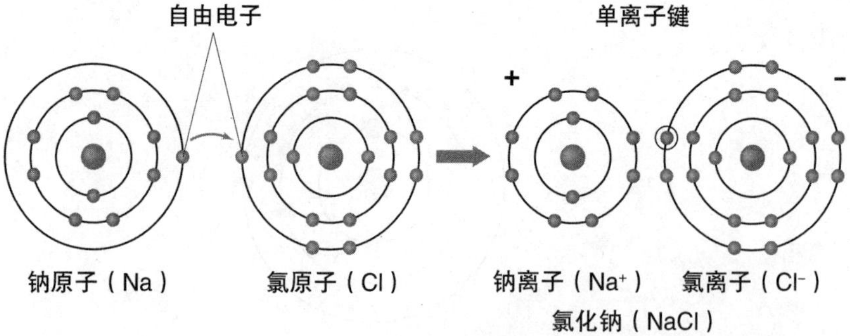

图 1.3　氯化钠的形成

注：钠和氯结合形成食盐。钠原子（Na）失去最外层的电子，变成阳离子（Na^+）。氯原子得到一个电子，变成阴离子（Cl^-）。

时的原子被称为离子。离子可以导电。当一个原子得到电子时，就带负电荷，被称为阴离子。当一个原子失去电子时，就带正电荷，被称为阳离子。

当两个带相反电荷的离子结合在一起时，就形成了离子键。离子键非常牢固。食盐（氯化钠）就是一种离子化合物，是由金属元素钠（Na）和非金属氯（Cl）反应形成的。

元素周期表

元素周期表中有 118 种元素，其中有 98 种是自然元素。其他 20 种是合成元素，也就是说这些元素只能在实验室里合成。所有的化学元素都被归纳在一个叫元素周期表的图表中。在元素周期表中，元素根据自身的属性和特性被放置在图表的特定位置。周期表中列出了每个元素的名称和符号，元素符号通常由一个或两个字母表示。单字母的元素符号用大写字母表示，例如，F 表示氟，N 表示氮。当元素符号包含两个字母时，第一个字母大写，第二个字母小写，例如，Al 表示铝，Si 表示硅。在附录中的元素周期表中，可以找到 金属元素所在的位置。

元素周期表由行（称为周期）和列（称为族）组成。每个周期中的元素有相同数量的电子层。第一周期中的氢（H）和氦（He）各有一个电子层，第二周期中的每个元素都有两个电子层。第三周期中的元素有三个电子层。元素周期表的最后一行有 7 个电子层。

处在同一族（或列）中的元素表现出相似的化学性质。例如，在同一族的钠（Na）和钾（K）：当两种元素分别被放到水里时，都会发生剧烈反应，甚至会爆炸。同族的元素有相似的化学反应，是因为它们最外层的电子层上有相同数量的电子（价电子）。第一列的每一种元素，也就是第 1 族元素，最

元素周期表之父：德米特里·门捷列夫

图 1.4 俄国化学家门捷列夫

德米特里·门捷列夫（Dmitri MendeLeyev，1834—1907）是俄罗斯圣彼得堡大学的一名化学教授，他在 1869 年左右发明了元素周期表，并将其纳入学生的化学教材。作为他研究的一部分，他在卡片上列出了每种元素及其属性。当他检查卡片时，他注意到如果元素按质量排列，同一模块中的元素具备相似的属性。他根据元素质量将元素排成行，每行元素按由轻到重的顺序自左向右排列。将元素排成行后，门捷列夫还将具有相似属性的元素排成列。

门捷列夫在最初的元素表上留了一些空格，他认为这些空格中存在尚未被发现的元素。事实证明他是正确的：他可以通过在行和列组成的元素表中为未被发现的元素留出空间，准确预测这些元素的属性。但是现代元素周期表和门捷列夫最初的版本有很大差别。门捷列夫在世时，人们还没有发现含有氦和氡元素的竖列，所以第 18 族元素在现代元素周期表上出现较晚。此外，门捷列夫表中的一些元素没有按原子质量有序排列。为了早期版本的正确性，门捷列夫有时不得不把质量大的元素放在质量小的元素前。然而，20 世纪，有关原子的知识取得了巨大的进步，并且确定了正确的化学元素排序方式是根据原子序数（质子的数量），而不是原子质量排列。现代周期表是根据原子序数来组织元素的。

外层有一个电子，而第二列的每一种元素，即第 2 族元素，最外层有两个电子。随着元素族数从左到右增加（不包括过渡金属），价电子的数量也随之增加。最后一列元素的最外层有 8 个电子。

在元素周期表中，特殊金属被归入第 1 族和第 2 族。第 1 族金属对空气和水等化合物的反应性最强；第 2 族金属对这些

伟大的科学家：汉弗莱·戴维爵士

汉弗莱·戴维（Humphry Davy，1778—1829）出生于英国康沃尔郡，他是发现许多金属的开拓者。戴维最初是一名药剂师，对科学和化学很着迷，喜欢进行光和热方面的实验。

图 1.5　汉弗莱·戴维爵士

1800 年，亚历山德罗·伏特（Alessandro Volta，1745—1827）发明了世界上第一块电池。借助伏特的发明，人们可以将水（H_2O）分解为两种基本元素——氧和氢，这一过程叫作电解。电池的发明使戴维能用电分离出钠和钾，后来他又分离出锶、钡、镁和硼。

戴维最重要的研究领域之一与腐蚀有关。腐蚀是金属（尤其是铁和铜）暴露于水和空气中时，逐渐发生的变化。腐蚀导致金属生锈，继而造成金属破碎。铁是建筑物和船舶等许多结构体的主要元素。戴维发现了腐蚀破坏船只，尤其是破坏英国皇家海军船只。他发明了将金属结合的方法，以保护船舶等重要结构体免受腐蚀影响。

和其他化合物的反应性稍弱。第一种金属叫碱金属。第二种金属叫碱土金属。过渡金属在 3 至 12 族之间。在过渡金属下面，也就是在第六周期，有镧系元素的集合，即稀土金属。再下一行是第七周期，有锕系元素集合，即放射性金属。

元素周期表中有一些例外情况，比如过渡金属。另外，第一周期的元素氢（H）和氦（He）也具有独特的性质。比如，具有独特性质的氢既可以失去一个电子，也可以得到一个电子，因此它具有 1 族和 7 族的特征。再以氦为例，尽管氦原子最外层只有两个电子，但它仍能跟最外层有 8 个电子的元素分在同一族。

小结

元素周期表由元素组成，大部分元素被归类为金属。元素由原子组成，原子由质子、中子和电子三种粒子组成。大多数金属具有三个共同的特征：许多金属是电的良导体；许多金属可以与元素周期表中的其他元素反应；大多数金属具有延展性，这说明金属具有柔韧性。

Chapter 02

第2章

碱金属

碱金属，包括锂、钠、钾、铷、铯和钫，组成了元素周期表第1族，这些金属反应性很强。例如，将钾放入水中时，反应会将钾转化成氢氧化钾并释放氢气。当这些金属与水发生反应时，就会释放出氢气，并产生热量，通常热量会高到能产生火焰。相互作用产生的热量足以使金属熔化。

所有碱金属都具有反应性，并且它们的反应性随原子序数的增大而增强，在元素周期表中，每一族中的元素从上至下反应性逐渐增强。反应性与最外层电子有关，第1族中元素越往下，元素最外层电子离原子核就越远。最外层电子离原子核越远，原子对电子的约束力就越弱。对电子的约束力越弱，在化学反应中，原子就越容易失去电子。例如，当铯（靠近族的底部）与水反应

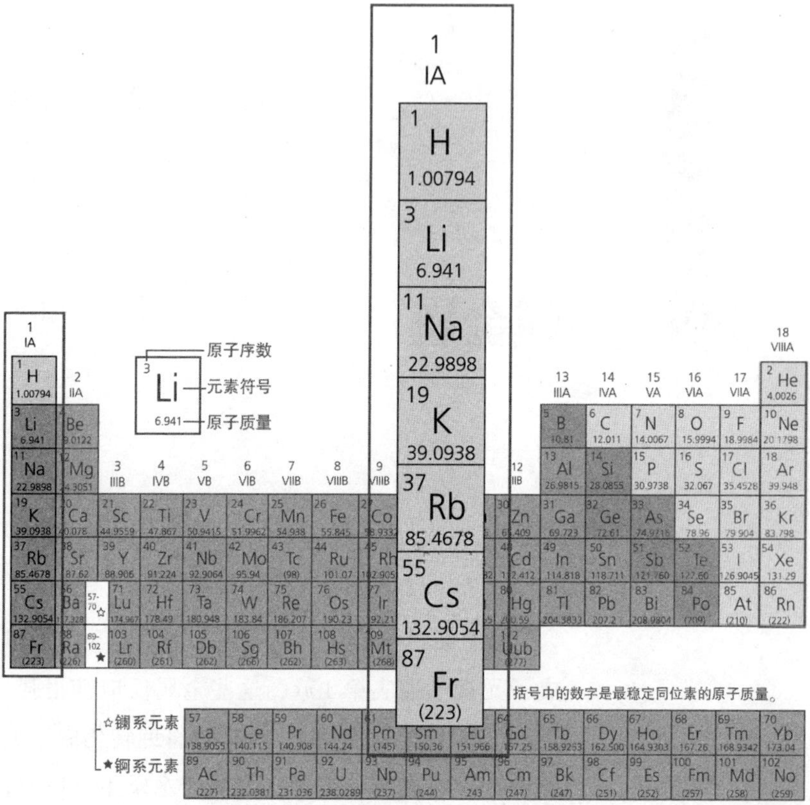

图 2.1　在元素周期表第 1 族的碱金属

时，会产生爆炸，而当锂（处在族的最顶部）与水反应时，可能只会发出一些嘶嘶声，并在水表面产生一些气泡。

钠和钾这两种碱金属都是地球上最常见的元素，然而，和其他碱金属一样，直到最近这两种元素才被发现。水储量丰富而且容易获得，大多数科学家用水来进行实验，但是碱金属和水的反应性非常强，科学家花了好长一段时间才成功分离出这些元素。

本章将讨论碱金属的方方面面。（值得注意的是，尽管氢实际上被归为非金属，但它和其他碱金属一样，在元素周期表中位于第 1 族。）这一章将会讨论这些金属的历史以及其他特性。许多碱金属在环境、技术、健康和医药等方面发挥着重要作用。

钾

钾是人们发现的第一种碱金属。汉弗莱·戴维爵士在 1807 年发现了钾。他注意到，电流通过熔融钾碱后，会产生微小的熔融球状物，这些球状物是一种含有钾和氧、氢等其他元素的化合物。这是人们第一次分离出碱金属，而戴维则将他从钾碱化合物中分离出的元素命名为钾。

钾呈银白色，质地柔软。因为钾非常容易与水反应，所以自然界中从来没有单质钾，但钾的化合物在海水和植物肥料等硅酸盐物质中含量丰富。在自然界中，植物从土壤中吸收氯化钾（KCl）。有些钾留在土壤中，与其他元素结合，有的溶解在小溪和河流中，最终汇入大海。

钾在世界上许多重要的化合物中起着关键作用。例如，钾与纯氧反应产生超氧化钾（KO_2），用来制造消防员和矿井救援人员使用的呼吸设备。设备中的超氧化钾与人呼出的二氧化碳（CO_2）和水发生反应，产生人们呼吸需要的氧气。

另一种重要的化合物是氢氧化钾（KOH），氢氧化钾用于制造某些类型的电池、液体肥皂以及其他的一些产品。硝酸钾（KNO_3）也是一种用途广泛的重要化合物。硝酸钾也叫硝石，看起来像普通的食盐，但是绝对不能食用。硝石是一种防腐剂，也是肥料的重要成分。硝酸钾也常用于制造炸药。例如，火药就是由硝酸钾、木炭和硫磺组成的。火药受热后会释放出大量的氮气和二氧化碳，这些气体的突然释放会造成爆炸。另一种化合物氯酸钾（$KClO_3$）也是一种用来制作火柴和烟花的爆炸性物质。

钾也因其同位素之一的放射性钾-40而闻名，钾-40半衰期（半衰期是指放射性元素的原子核有半数发生衰变所需要的时间）长达12.5亿年。钾-40是自然生成的，研究人员用它来测定岩石的年龄。当钾-40衰变时，变成一种被称为氩的惰性气体。研究人员可以通过测定岩石中氩的含量，估算出岩石的年龄。利用这项技术，科学家们估计地球上的一些岩石已经存在38亿年了。

钠

钠是继钾之后被发现的下一个碱金属。汉弗莱·戴维爵士在1807年分离出了钠（与发现钾的时间相隔不久），分离的方法是将电流通入熔融的烧碱（或称苏打灰）来产生氢氧化钠。

钠是一种光亮的银色金属，质地柔软，密度低。与钾和其他碱金属一样，钠很容易和其他物质反应，尤其很容易和水反应，因此在自然界中很难找到单质钠。然而，钠是地壳中储量第六的元素，钠的化合物在自然界中起着至关重要的作用。例如，海水是盐（NaCl）的天然来源，海水中的水蒸发出去后，就会形成盐层。随着时间推移，盐层不断累积，人们就可以像开采地下煤矿一样开采盐。盐分很多种，比如，矿藏中的岩盐和海水蒸发后留下的海盐。这两种盐都必须先溶解在淡水中进行提纯。溶液中的水蒸发后，盐会重新结晶。这种重新结晶产品基本上就是在食品市场上出售、用来给食品调味的食盐。

氢氧化钠（NaOH）是工业上最重要的化合物之一，是由氯化钠在水中电解生成的。氢氧化钠是一种强效清洁剂，用于制造下水道或烤炉清洁剂等产品。氢氧化钠是一种很好的去脂剂，因为它能与脂肪物质反应，生成一种溶于水的新物质。另一种常见的化合物是碳酸氢钠（$NaHCO_3$），也叫小苏打。小苏打有很多用途，比如在烘焙食品时可以用它来发酵面团。它

图 2.2　从盐矿中提炼盐

也可以作为抗酸剂来中和过多的胃酸。碳酸氢钠也用在灭火器里，它与酸混合产生二氧化碳，可以用来灭火。

表 2.1　碱金属：沸点和熔点

碱金属（化学符号）	沸　点	熔　点
锂（Li）	2 448 ℉（1 342 ℃）	358 ℉（81 ℃）
钠（Na）	1 621 ℉（883 ℃）	208 ℉（98 ℃）
钾（K）	1 398 ℉（759 ℃）	147 ℉（64 ℃）
铯（Cs）	1 240 ℉（671 ℃）	84 ℉（29 ℃）
铷（Rb）	1 270 ℉（688 ℃）	102 ℉（39 ℃）

钠在实验室里也发挥着重要作用。钠靠近火焰，会产生钠蒸气，当电流通过钠蒸气时，钠蒸气会发出一种正黄色的光。科学家可以借助这种光校准和微调光测量设备。这一特性也使

钠成为某些公路信号灯的理想选材。通上小伏的电，即使在有雾的情况下，钠灯发出的强烈光束仍然可见。人眼对黄色的敏感度说明钠灯可以提高公路上的能见度，尤其能提高建筑区公路的能见度。

除了工业用途外，钠也常出现在我们的食物中。金枪鱼和沙丁鱼等海鲜的钠含量很高，肝脏、黄油、奶酪和泡菜也是如此。一般来说，蔬菜中的钠含量很低，但芹菜和豌豆除外。平均来说，一个人每天大约需要 3 克钠，但人们每天实际摄入盐的量因文化和饮食不同而有很大差异。在西方文化中，每人每天平均钠摄入量约为 9 克。相比之下，日本人的饮食中，盐摄入量是西方的两倍。健康专家警告人们，摄入过多钠会影响健康，比如会引起高血压。

锂

锂是密度最小的一种碱金属。像钠和钾一样，锂的性质非常活泼，在自然界中不以单质的形式存在，而是存在于化合物中。锂非常柔软，可以用锋利的刀切割。锂特别容易与水反应，会产生氢气和氢氧化锂（LiOH）。

1817 年，瑞典化学家约翰·奥古斯特·阿夫维森（Johan August Arfvedson，1792—1841）在斯德哥尔摩发现了锂元素，阿夫维森用希腊语将这种元素命名为“lithos”，意思是“石头”。然而，他发现即使通过电解的方式，也很难将锂分离出来。直到几年后，也就是 1821 年，威廉·托马斯·布兰德（William T. Brande，1788—1866）才成功将锂分离出来。虽然布兰德成功了，但也只能分离出微量的锂。终于，1855 年，英国化学家奥古斯都·马奇森（Augustus Matthiessen，1831—1870）和德国化学家罗伯特·本生（Robert Bunsen，1811—1899）分别通过电解氯化锂（LiCl）的方式分离出了足量的锂，这些锂足够用于研究其物理和化学性质。（本生还分离出了其他元素。）

锂的历史可以追溯到更早的时候。实际上，锂和氢、氦一样，是数十亿年前宇宙大爆炸后产生的三种元素之一。但锂元素在太空中的存在时间不会很长。锂在温度超过几百万度的恒星中会被摧毁，而大多数恒星的温度都在几百万度以上。然而，事实证明，锂对天文学家区分红矮星和褐矮星很有帮助。这两种恒星都比太阳小，但红矮星温度太高，不可能含有锂。然而，褐矮星的情况却不同。当天文学家测量这些恒星的光图像时，他们可以通过测量波长来分辨哪些是褐矮星。670.7 纳米的波长表明了锂的存在，也说明褐矮星温度比红矮星低。

锂的一个主要来源是锂辉石（$LiAlSi_2O_6$），人们可以从锂辉石中提取出氯化锂。提取出氯化锂后，就像本生和马奇森首次证明的那样，可以利用电解作用，从氯化锂中分离出锂。

在日常生活中，锂主要用于生产手表、计算器、相机的电池以及其他需要光和压缩电源的产品。锂是一种密度较小的金属，因此它还有一些其他重要的商业用途。锂可以做成很好的合金，因为它既提高了其他金属的强度，又使合金质量更轻。例如，锂与铝混合可以形成一种强度高、质量轻的合金，这种

图 2.3　锂辉石

合金可用于制造自行车车架、高铁，甚至飞机和宇宙飞船。

锂的化合物还有很多其他用途。锂氧化物可以用于制造玻璃和陶瓷制品。另一种化合物碳酸锂可以用来制造特殊玻璃，这种玻璃可以承受温度的突然变化。锂的化合物还能用来生产电视。人们也发现其他一些锂的化合物可以有效治疗严重的精神疾病——躁郁症。躁郁症患者会出现极端的情绪波动。人们还不确定锂元素如何在大脑的化学反应中起作用，但科学家们相信，这种元素会影响某些脑细胞对荷尔蒙和名为神经递质的生物分子的反应。神经递质作用于人体的神经网络，传递与情绪和行为有关的信息。

铷

铷是一种非常活泼的金属，暴露在空气中会自燃。当铷与水接触时，会释放大量氢气，由于反应产生极高热量，反应过程中会产生火焰。

1861 年，德国科学家罗伯特·本生和古斯塔夫·罗伯特·基尔霍夫（Gustav Robert Kirchhoff，1824—1887）在研究其他碱金属时，首次发现了这种金属。这种金属加热时会发出红宝石般的光，因此他们将其命名为铷。

与其他碱金属一样，铷反应性非常强，因此，在自然界中不存在单质铷。铷和钾通常共同存在于土壤、锂云母、钙钛矿等矿物中。除了制药业以外，其他行业对铷的需求不大。从锂云母中提取锂时生成的少量副产品通常用于研究目的。而且人们发现氯化铷这种化合物对治疗抑郁症很有效。

铯

铯是一种柔软而有光泽的金属，熔点极低，为 84 ℉（20 ℃）。铯的熔点很低，甚至可以在人手中熔化。（汞是唯一熔点比铯低的金属。）铯在自然界中不以单质存在，通常与其他元素结合，存在于岩石或土壤中。铯是所有碱金属中反应性最强的一种。铯与水发生剧烈反应，释放出氢气和氢氧化铯（$CsOH$），与氧反应生成超氧化铯（CsO_2）。当超氧化铯与水或二氧化碳接触时，会产生氧气。正因如此，超氧化铯经常用于制造急救人员、潜水员和消防员使用的呼吸设备，特别是应用在可能存在有毒气体的环境中。

卡尔·普拉特纳（Carl Plattner，1800—1858）于 1846 年完成了对这种金属的早期研究。普拉特纳最初一直在研究铯沸石，但令他困惑的是，他只能发现其中包括钾和钠在内 90% 的元素。终于，在 1860 年，著名的化学家本生和基尔霍夫发现了铯沸石中另外 10% 的神秘金属。当他们将这种神秘金属分离出

盐：历史悠久

尽管人们直到 19 世纪初才发现钠，但历史学家认定人们使用钠化合物已经数千年，尤其是盐。历史学家确认公元前 1450 年的埃及绘画描绘了人们围绕盐工作的场景。

盐也是一股重要的经济力量。在罗马时代早期，盐被用作调味料。在古希腊，人们经常用奴隶交换盐，人们因此用“不值这些盐”来表达“不值这个价”。事实上，英语中的“salary”（薪水）来自拉丁短语“salarium argentums”（盐钱），盐钱指罗马士兵经常获得作为服兵役部分报酬的盐。盐也是早期航海探险家携带的一种重要商品，他们用盐与所到地区的当地人开展贸易。

盐在美国独立战争等许多政治和军事冲突中也发挥了关键作用。英国本土和英国在美国殖民地征收的盐税向来用以支持英国君主，这激怒了托马斯·潘恩（Thomas Paine）等美国革命者。美国独立战争期间，英国军事领袖豪勋爵（Lord Howe）夺取了乔治·华盛顿将军（General George Washington）的盐库，给了华盛顿的军队沉重一击。

来后，放到本生灯的火焰上，火焰发出明亮的蓝光。这些化学家们用拉丁词“coesius”将这种元素命名为铯，“coesius”的意思是“天蓝色”。

铯在制造眼镜玻璃的过程中发挥着重要作用。这种玻璃浸在熔态铯和熔态钠的混合物中，当这两种金属化合时，铯离子与钠离子交换。这种反应使玻璃更坚固，更耐划，也更不容易破碎。铯在工商业中被用作催化剂来提高其他金属的反应速度。

铯唯一天然的同位素是铯 -133，在 1960 年被国际度量衡委员会选为世界官方计时标准。在这个体系下，一秒钟相当于铯 -133 原子基态两个超能级跃迁所对应辐射的 9 192 631 770 个周期所需要的时间。

钫

钫是第 1 族中的最后一种元素，也是碱金属中密度最大的一种。钫也是最不稳定的元素之一，由铀和钍这两种元素的放射性衰变产生。尽管目前已知这种金属有 30 种同位素，但只有钫 -223 这一种存在于自然界中。其余的同位素都是在核反应堆中产生的，这些同位素由于太不稳定而无法进行长时间的研究。由于钫的半衰期很短，估计地壳中只含不到 1 盎司（28.35 克）的钫。

1939 年，玛格丽特 · 佩里（Marguerite Perey，1909—1975）在巴黎居里学院发现了钫。她以元素的发现地法国为这种金属命名。

小结

碱金属位于元素周期表第 1 族。这些金属熔点较低，反应性强。随着元素的原子序数逐渐变大，元素在本族的位置就越靠下，反应性等一些其他的特性就越强。它们的强反应性也解释了为什么这些金属在自然界中不以单质形式存在，这也给科学家们发现这些元素带来了挑战。今天，这些金属在产品制造和工业生产中发挥着重要作用。

第 3 章

碱土金属

碱金属右侧是第 2 族，即碱土金属。第 2 族和第 1 族元素有很多共同点，当然这很正常，因为它们在元素周期表中是紧挨着排列的。这两族中的元素都具有很强的反应性，而且很容易与其他元素结合，因此它们在自然界中不以单质的形式存在。碱土金属，和碱金属和大多数其他金属一样，闪亮、可锻造、可延展。

碱土金属最外层有两个价电子。当一种碱土金属与非金属结合时，碱土金属失去两个价电子，变成一个带两个正电荷的离子。化合物氟化钙（CaF_2）就是这样一种情况。当钙与氟化物反应时，它失去两个价电子给两个氟原子，从而变成带两个正电荷的钙离子（Ca^{2+}）。本章简要讨论了所有碱土金属：铍、镁、钙、锶、钡和镭。

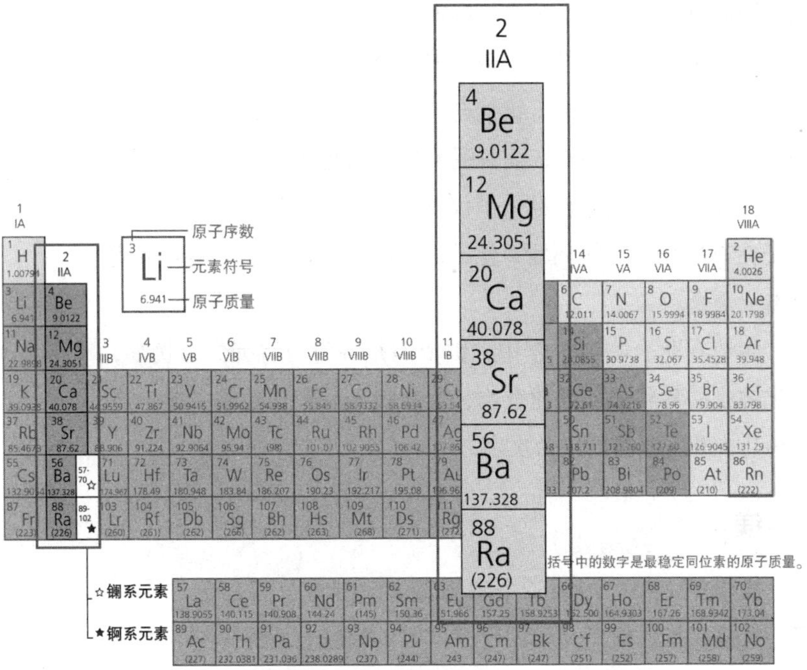

图 3.1　元素周期表第 2 族中的碱土金属

铍

铍是碱土金属族中的第一个元素，在元素周期表上位于碱金属锂的右边。单质铍的质地比较坚硬，外表呈灰白色。在所有金属中，铍的密度最小，也相对罕见。虽然在地壳中发现了含有铍的化合物和矿物质，但铍在地壳中的储量在所有元素中只排第 32 位。铍很容易与氧或其他元素发生化学反应。

1798 年，法国化学家路易斯・尼科拉斯・沃奎林（Louis-Nicolas Vauquelin，1763—1829）发现了铍。沃奎林在研究矿物绿柱石的时候，发现绿柱石是铍的主要来源。绿宝石和蓝绿色的海蓝宝石都是绿柱石形成的晶体。

单质铍几乎没有工业用途，但是，铍在 X 射线下是透明的，因此可以用于制造X光机的窗口。

虽然单质铍可能没有价值，但铍经常与其他金属混合，形成具有工业用途的合金。铍铜合金，或称铍青铜，就是一个例子，这种合金不仅坚硬，而且受到撞击时也不会产生火花。这种特性使它成为制作特种电子仪器和锤子的材料，这些仪器或锤子在有爆炸危险的环境中使用，比如使用氢的化学实验室或制造火箭燃料的工厂。

即使在化合物或合金中，铍依旧是一种有毒元素。例如，氧化铍是一种粉末状的化合物，人体吸入后会导致铍中毒，是一种让人非常痛苦的致命疾病。

镁

镁是第2族中的第二个碱土金属，外观呈银白色，质量轻，有延展性。镁有化学反应性，但不像碱金属那样具有极强的反应性。镁的名字源于矿物质菱镁矿（$MgCO_3$）。镁是地壳中储量排名第7的金属，而海洋中镁的储量几乎是无限的。生产这种金属最重要的方法之一就是从海水中提取镁。

因为镁的密度非常小，强度非常大，所以经常被制成合金，用于生产结构材料。镁比铁和铝的密度小，当镁与这两种金属结合形成合金时，铁和铝就变得更轻更坚固。铝镁合金梯子和飞机部件都是合金的产品。汽车生产商也使用镁，因为它可以让汽车质量更轻，使用寿命更长。质量更轻的汽车对环境更友好，因为这种汽车消耗的燃料更少。

在人体中，镁能保障身体中的酶正常工作。镁对绿色植物也很重要。叶绿素中含有镁。叶绿素是光合作用不可缺少的成分，而光合作用又是绿色植物生存的必要条件。

一些镁化合物是重要的非处方药。例如，镁乳是氢氧化镁［$Mg(OH)_2$］在水中的混悬液。这种乳状混悬液被用作抗酸剂来中和胃里多余的酸。另一种镁化合物药是泻盐，用于治疗某些皮疹。1618 年，人们在英格兰埃普索姆发现泻盐，它是硫酸镁从水中挥发出的晶体。

虽然海水是镁的重要来源，但如果镁元素出现在家庭用水中，可能就会造成麻烦。高浓度的溶解镁会使水变得“硬”。这种硬水会干扰肥皂和清洁剂的清洁效果，形成肥皂泡沫。人们通过软化的方式除去水中的镁。在这个过程中，人们用钠来替换镁，钠对洗涤剂和肥皂的影响没那么大。

钙

钙是地壳中储量第 5 的元素，生物体中也含有钙。人类和其他哺乳动物的牙齿和骨骼中都含有钙。海洋生物的外壳是由碳酸钙（$CaCO_3$）构成的。当海洋生物死亡后，贝壳就会形成类似于在佛罗里达群岛和巴哈马群岛发现的那种珊瑚礁。汉弗莱·戴维爵士于 1808 年首次完成了钙的分离和确认。

钙的反应性非常强，以至于在自然界中很难发现单质钙。钙与水反应形成氢氧化钙［$Ca(OH)_2$］。钙与氧反应形成氧化钙（CaO），或者叫石灰，这是最常见的钙化合物之一。石灰石主要由碳酸钙构成。钙的化合物用于生产建筑材料，如混凝土、大理石和石膏。

像镁一样，钙也可以大量溶解在水里，而且会破坏肥皂和清洁剂的清洁能力。钙原子失去两个电子后，就会变成带正电荷的离子（Ca^{2+}），它能与带负电荷的离子形成离子键。我们把溶于水后的钙离子称为硬性离子，因为这些离子能把普通水变成硬水。如果硬水中也含有重碳酸盐离子（HCO_3^-），就会造成更多的问题，特别会对管道产生影响。当含有重碳酸盐化合物的水受热时，重碳酸盐离子会转化为二氧化碳气体（CO_2）和碳酸盐离子（CO_3^-）。热量使气态二氧化碳脱离水，剩下的碳酸盐，和钙离子反应形成碳酸钙（$CaCO_3$），碳酸钙以不溶物的形式附着在热水管道和锅炉壁上。不溶物在管壁上积聚后，会阻碍水在管道中的流动。

锶

锶是一种质地较软的银色金属，具有很强的反应性。锶被研磨成细末后，能在空气中自燃。锶的主要来源是两种矿物，天青石和菱锶矿。1789 年，爱尔兰科学家阿代尔·克劳福特（Adair Crawford，1748—1795）首次发现了锶元素（同时也发现了锶矿），并以锶元素发现地苏格兰村庄斯特朗廷来命名这种元素。当时克劳福特实际上是在研究一种叫碳酸钡（$BaCO_3$）的矿物与盐酸（HCl）之间的化学反应，但他没能得到预期的结果，因此他感到很沮丧。1808 年，著名化学家汉弗莱·戴维爵士通过电解氯化锶（$SrCl_2$）和氧化汞（HgO），首次将锶分离了出来。

因为碳酸锶燃烧时会发出红色的光，所以经常用于烟花和信号弹中，比如用于在道路和高速公路上提醒司机的信号灯。除了上述的用途，锶没有太多的商业或工业用途。

图 3.2　从矿物天青石（$SrSO_4$）中提取锶

钡

和其他碱土金属一样，钡是一种质地柔软的银白色金属。汉弗莱·戴维于1808年发现钡的主要来源是碳酸钡矿和重晶石。碳酸钡矿主要成分为碳酸钡（$BaCO_3$），重晶石主要成分是硫酸钡（$BaSO_4$）。

钡在空气中的燃烧很迅速，并与水发生反应产生氢。有些钡化合物毒性很强。比如，摄入可溶性的氯化钡会损害心脏，导致心律不齐，这种情况叫心室颤动。然而，不溶性的钡无毒，而且还有一些有价值的应用。例如，硫酸钡能帮助医生在X光图像中看清患者的器官。硫酸钡是一种密度较大的盐，在X射线图像中不透明。患者摄入硫酸钡后，它会暂时扩散到整个消化道。硫酸钡吸收X射线，使肠道和器官在X射线图像的黑色背景下显示为白色。

因为与氧和水的反应很迅速，所以钡几乎没有什么商业或工业用途。但因为它是一种银白色物质，在水中溶解度低，所以经常用作照片、信纸和塑料中的增白剂。

镭

镭是碱土金属族中的最后一种金属，颜色非常白，具有极强的放射性。在黑暗中，镭可以发出柔和的蓝光。1898年，法国化学家玛丽·居里（Marie Curie，1867—1934）和皮埃尔·居里（Pierre Curie，1859—1906）夫妇共同发现了镭。镭的发现、电的发明以及爱因斯坦相对论的提出，共同标志着现代科学时代的开始。

在认识到镭的危险放射性之前，人们用镭制造在黑暗中可见的钟表涂料。目前，在医院和治疗中心等医疗机构中，人们用镭生产放射性气体氡，这种放射性气体可以用来治疗癌症。

化学届最著名的夫妇：玛丽·居里和皮埃尔·居里

19 世纪末，玛丽·斯克沃多夫斯卡（Marie Sklodowska）在波兰长大，高中毕业后就再没接受正规教育。攒了一些钱后，她于 1891 年去了巴黎，她的姐姐在那里学医。玛丽开始在索邦大学学习，并在 1894 年遇到了法国化学家皮埃尔·居里。一年后，他们结为夫妻，组成了历史上最著名的科学研究团队之一。

图 3.3 居里夫人因对放射性元素的研究两度获诺贝尔奖

居里夫妇早期的研究重点是放射性和放射性原子衰变时产生的能量。他们发现了钋和镭，并确定钍是一种放射性元素。尽管玛丽和皮埃尔在科学界享有盛誉，但他们生活贫困。玛丽和皮埃尔共同获得了诺贝尔物理学奖，玛丽还单独获得了诺贝尔化学奖。皮埃尔之所以无法与妻子共同获得第二个诺贝尔奖，是因为 1906 年他不幸被一辆马车撞倒。玛丽在 1934 年因白血病去世，这很可能是她一生中长期接触高水平辐射导致的。次年，居里夫妇的大女儿伊雷娜（Iréne）与其丈夫弗雷德里克·约里奥（Frédéric Joliot）因为在放射性元素方面的工作共同获得了诺贝尔化学奖。

小结

元素周期表第 2 族碱土金属包括：铍、镁、钙、锶、钡和镭。像碱金属一样，碱土金属闪亮、可锻造、可延展。碱土金属元素最外层有两个电子。虽然碱土金属的反应性低于碱金属，但在自然界中也很难找到单质碱土金属。

Chapter 04

第 4 章

过渡金属

在元素周期表中，过渡金属位于第 3 到 12 族。之所以这样归类，是因为它们在第 1 族、第 2 族和第 13 到 18 族之间起过渡作用。第 1 和第 2 族是元素周期表中的第一部分，而过渡元素是第二部分。与第一部分中不稳定的金属不同，在自然界中很多过渡元素以单质的形式存在。此外，过渡金属与其他元素形成的化合物通常颜色鲜艳。例如，镉黄和钴蓝等色彩鲜艳的颜料是由过渡元素的化合物制成的。

本章介绍了一些过渡元素：铁、钴、镍、铜、银、金、锌、镉和汞。人们通常把前三种元素——铁、钴和镍——称为铁三元素。这三种元素都用于制造像钢这样的合金。人们把铜、银和金称为造币金属，因为它们常用于制造货币。此外，本章还讨论了镧系元素和锕系元素。虽然这

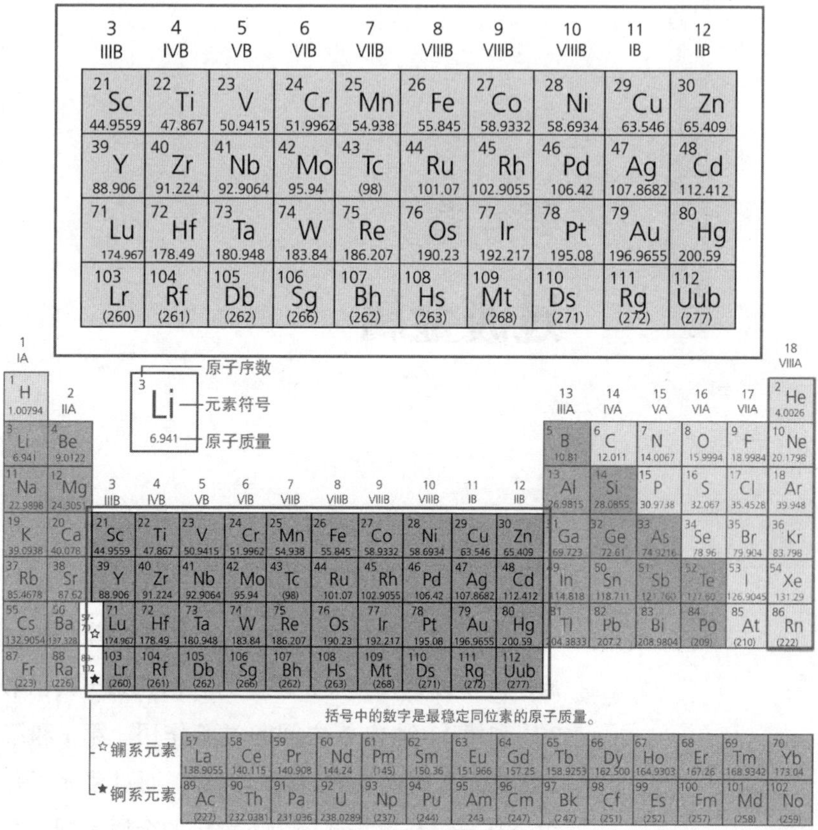

图 4.1　元素周期表中的过渡金属

两类元素是过渡金属的一部分，但人们经常把它们单独摘出来与元素周期表主体部分放在一起。

铁

铁是世界上最常见的金属之一，生活中很多常见的产品都是铁制的。不管是建造桥梁、建筑物，还是制造机器、工具和汽车，都要用到铁。铁对我们的健康也很重要。血液中的铁可以把氧气输送到身体中需要的地方。

图 4.2　铁通常用于建造桥梁等大型建筑

铁在人类文明发展中起了重要作用。从约公元前 1100 年开始，也就是铁器时代，人们学会了如何从地下开采铁矿并提炼铁。人们学会开采铁矿之后，就用铁制成工具和武器来保护自己、寻找食物以及建造庇护所。事实证明，这些铁制品比青铜时代（公元前 3000 年）的产品更耐用。

表 4.1　地壳中储量最丰富的金属

金属（化学符号）	百万分率
铁（Fe）	41 000
钙（Ca）	41 000
钠（Na）	23 000
钾（K）	21 000
镁（Mg）	21 000

铁是地壳中储量第 4 的元素，一般蕴藏在赤铁矿、磁铁矿和白铁矿中。澳大利亚、加拿大、法国、印度、南非和美国等铁矿储量非常大。工业用铁来自这些铁矿。另外，据说地球内部的地核也是由铁构成的。地球内部非常热，热到足以把铁熔化成熔融状态。

单质铁在自然界中很少见，因为铁很容易与水和空气结合生成铁锈，铁锈是一种水合氧化铁。铁锈是一种红色物质，无法长时间附着在铁的表面。铁锈会脱落，不断使新的铁层暴露在空气中，从而使铁不断减小，最终全部分解掉。

铁原子特殊的排列方式使铁具有众所周知的磁性。铁原子群又叫磁畴，它们排列成一条直线，指向一个方向，从而形成磁偶极子。（非磁性材料也有磁畴，但磁畴指向不一致。）铁、钴和镍这三种金属是强磁体。在这三种金属中，铁的磁性最强，因为铁原子以比较理想的距离排列，能够使磁偶极子之间产生强烈的相互作用。当铁处于自然状态时，各畴指向不同，相互抵消。然而，当把铁置于磁场中时，各畴都指向同一个方向并被磁化。当把铁从磁场中取出时，铁就会恢复到自然状态。

地核内部铁的剧烈运动使地球变成了一个巨大的磁体。地

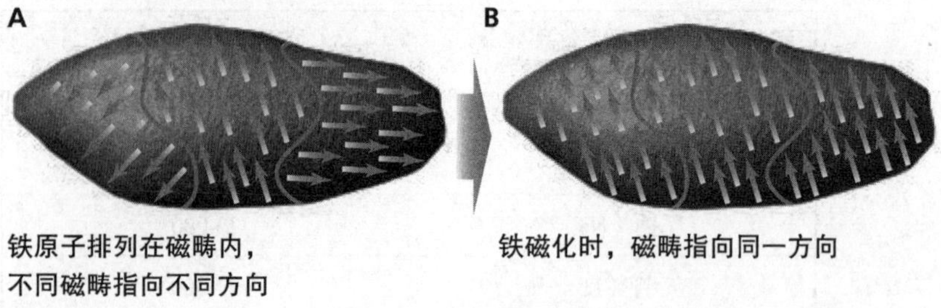

A
B
铁原子排列在磁畴内，
不同磁畴指向不同方向
铁磁化时，磁畴指向同一方向

图 4.3　铁的磁性

注：铁原子独特的性质使铁具有非常强的磁性。

球周围环绕着磁场，磁场的两个汇集点就是磁南极和磁北极，这两个点位于地理上的南北两极附近。

钴

钴是从一种叫钴铁矿的矿石中提取出来的，钴铁矿是钴、砷和硫的化合物。人们经常把钴的化合物或合金添加到钢材中以提高钢的强度。另外，人们也经常把钴同钨和铜混合，生产出司太立合金（stellite）。司太立合金是一种很受欢迎的产品，因为即使在高温下，它也能保持坚硬。

和铁一样，钴也有磁性。钴的磁性比铁弱，但与铁相比，钴能在更高温度下保持磁性。钴用于生产一种叫磁钢的材料，是一种铝镍钴合金。磁钢具有很强的磁性，可用于制造工业磁铁。和钴一样，由磁钢制成的磁铁在高温下仍能保持磁性。

除了制造磁体外，钴还有很多商业用途。因为钴元素呈蓝色，所以艺术家和生产商把它添加到陶器、彩色玻璃、瓷砖和一些珠宝中。19 世纪，玻璃生产商在生产玻璃瓶时也会使用钴。

钴这种过渡金属也有一定的营养价值。肉类和奶制品中含有少量钴，钴是维生素 B12 的组成成分。血液中红细胞的产生也需要钴。健康饮食中只需要摄入少量的钴。

镍

镍是一种银色金属，科学家们认为地核中含有大量的镍和铁，但在地球表面很难看到单质镍。镍矿常见于一些陨石中，这些陨石几乎和地球同龄。镍主要是从硫矿中开采的。

1751 年，人们首次分离出单质镍。和钴的用途一样，人们用镍来给玻璃上色，但是镍化合物不会把玻璃和其他材料变成蓝色，而是使它们变为绿色。由于镍耐腐蚀，所以人们经常把镍和其他金属结合形成抗氧化合金。电镀工艺就是把镍镀在钢铁等易受腐蚀的金属表面。不锈钢是含镍产品的一个例子：每年开采的镍几乎有一半用于生产不锈钢。不锈钢也含铬，具有极强的抗腐蚀能力。另一种镍合金是蒙乃尔合金，由镍和铜混合而成。蒙乃尔合金不仅坚硬，而且耐腐蚀，非常适合用在商业船舶上，比如可以用来制造船用螺旋桨。烤面包机和电烤箱中的加热部件由镍铬铁合金制成，这是另一种由铬和镍制成的金属。

当然，镍最常见的用途之一是制造硬币，特别是制造五美分的硬币。镍硬币是由铜镍合金制成的。镍另外一个重要和常见的用途是制作镍镉电池，这种电池中含有一个镍氧化物电极。镍镉电池可以充电，非常适用于计算器、计算机和其他小型电器。

镍可能对接触的人造成一些轻微的健康危害。例如，溶液中的镍和不锈钢中的镍会刺激皮肤，引起皮炎，人们把这种皮炎称为镍痒。不锈钢手表、珠宝和眼镜框都是造成这种刺激的原因。吸入镍尘可能会带来更严重的健康危害。在镍开采和其他使用镍的工业环境中，人们患鼻癌和肺癌与吸入镍粉有关。

铜

铜是最常见的金属之一，广泛应用于人们的日常生活中。例如，人们家里或其他建筑中的水管或废料管道就是铜制的。铜具有延展性，因此人们能把铜拉成铜线。另外，铜是电的良导体，人们在家、办公室和其他建筑物里，用铜电线连接插座和电器。

铜这个名字来自拉丁语“cuprum”，意思是“来自塞浦路

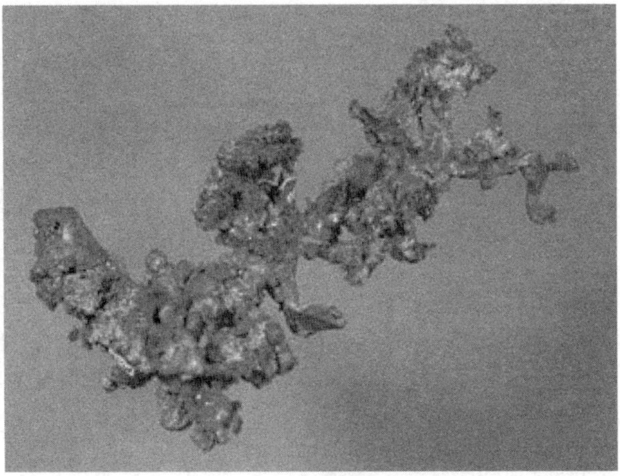

图 4.4　铜

斯”。塞浦路斯是土耳其南部地中海的一个岛屿，古罗马人从这个岛开采铜。古代其他社会的人们从矿石中开采铜。当时，提炼铜并将其制成珠宝并不是一件难事。但铜不像铁一样坚硬，铜是一种软金属，因此人们不用它来制作武器或工具。

人们曾经用铜制造过便士，然而，这种铜便士在 1981 年就停产了。现在，人们给硬币镀上一层铜，使其呈现出红褐色。以前也有地方用铜来做警察制服上的纽扣。生产商们喜欢铜，因为铜与空气、水都不容易发生反应。然而，铜并不是完全耐腐蚀的，随着时间的推移，铜在大气中也会受到腐蚀，形成一层绿色的碳酸铜（$CuCO_3$）或硫酸铜（$CuSO_4$）。人们把这层锈称为铜锈，铜锈成了铜全天候的保护层，使铜免受进一步腐蚀。例如，纽约的自由女神像上就有一层铜锈。自由女神像最初创作于法国，由铜板制成，1986 年为了纪念它建成 100 周年，人们对铜像进行了修复。修复师们既要把铜像表面清理干净，又要尽量不破坏铜像表面的铜锈。世界上许多古老的纪念碑也是铜制的。不少人认为在铜制品上最后形成的绿色铜锈非常漂亮。

自由女神：依然矗立

图 4.5　自由女神像的铜外壳氧化成绿色

铜材重量：62 000 磅（28 122 千克）

钢材重量：250 000 磅（113 400 千克）

雕像表面的铜片厚度：0.1 英寸（2.37 毫米），大约两枚硬币的厚度。

1886 年 4 月，法国向美国赠送自由女神像，以表明两国在美国独立战争期间建立的友谊。然而，100 年后，雕像的某些部分（尤其是火炬、握火炬的手以及王冠）需要修复。虽然雕像的铜外壳形状良好，但铜外壳内侧有一层需要清理的煤焦油、铝和铅等物质。修复工程于 1986 年完成，正好赶上雕像的百年庆典。

银

与大多数金属不同，银在自然界中以天然、游离的状态存在。人们可以从辉银矿等的矿石中开采银。银质地较软，既有延展性又有可锻性。在所有金属中，银是最好的热、电导体。银是稀有金属，因此银制品都非常贵。因为银非常昂贵，所以人们通常不用银制造电线，但用银制造高质量的电子电器。

与铜相似，在许多古代文明中，人们已经开始使用银。银的元素符号 Ag，来自拉丁单词“argentum”，在拉丁语中就是银的意思。历史学家认为，希腊雅典周围之所以孕育了伟大的古代文明，很大程度要归功于当地的银矿。人们认为，在整个罗马帝国时期，这些银矿都发挥着作用。德国也有很多的银矿。在整个中世纪，德国银矿向欧洲大部分地区供应银。今天，只有大约 25% 的银来源于银矿，大多数银是提炼锌、金、铜等其他金属的副产品。墨西哥、秘鲁、中国和澳大利亚的银产量依旧居于世界前列。

银最常见的用途之一是制造珠宝。通常，人们把银和铜制成合金以增加金属的硬度。比如，纯银首饰含 7.5% 的铜，银戒指和银手镯则含有 20% 的铜。珠宝的含银量用“纯度”来表示，首饰中银的纯度是其百分比的 10 倍。因为标准银是 93% 的银，所以它的纯度是 930。许多银器的纯度是 800，这些银器中含有 80% 的纯银。几千年来，人们也用银制造硬币，但是制成的银币并不耐用。美国已经不再使用银币，他们在造币时添加了铜镍合金，使硬币具有银白色外观。

抛光后的银能发出闪亮的光泽，因此银也可以用作涂层。用非贵重金属制成的珠宝和餐具都可以通过电镀的方式镀上一层银。电镀是把电源（如电池）的正极（或阳极）与银棒连接，然后把负极（或阴极）和要镀层的物体连接。电流从阳极流入电源，从阴极流出。然后，把该物体放到氰化银的混合物中，当电流通过电池时，一层银色涂层就会覆盖在该物体上。

虽然银的反应性不是很强，但最终银表面会出现一层黑膜，然后失去光泽。这层薄膜实际上是硫化银。另一种硫化物硫化氢也与银反应，导致银失去光泽。硫化氢来源于空气、腐烂的蔬菜和其他食物，如果银接触到鸡蛋或芥末等含硫的食物，就会在短时间内失去光泽。

金

金币和金条已经被当作货币使用了数千年，所以金的货币价值尽人皆知。人们在国际金融市场上交易黄金，黄金价格的波动情况反映了一个国家经济的健康状况。

黄金不仅呈现美丽的亮黄色，还具有耐久性和抗腐蚀性，所以除了它的货币价值外，它也被人们当作是最珍贵的金属。金的化学符号“Au”来自拉丁语“aurum”，意思是“闪耀的黎明”。因为金的反应性非常弱，所以它具有耐久性和抗腐蚀性。虽然金在盐酸和硝酸溶液中确实会慢慢溶解，但像硝酸这样的化合物对金几乎没什么影响。

黄金具有抗腐蚀性，所以人们通常能在自然界中发现单质金，最常见的形式是金块或金片。当然，黄金也蕴含在碲化物的矿藏中。世界各地都有黄金，特别是在石英和黄铁矿附近更容易发现黄金。在美国，大部分黄金来自内华达州和南达科塔州。除美国外，世界上大部分黄金产自南非。有时人们在海水中也能发现黄金，但是海水中金的含量太少，开采不具有经济性。

黄金是所有金属中延展性和可锻性最好的。人们常把黄金锻造成薄片用于装饰。一盎司（28.35 克）黄金可以被锻出 300 平方英尺（91.44 平方米）的面积。黄金的延展性和抗腐蚀性以及反射红外辐射的能力使其能成为太空飞行器的优良涂层。黄金涂层也用在牙科和电子产品上。作为填充物或替换物的金牙，可以使用几十年。在电子装置中，开关和连接器上通常会有一层黄金涂层。因为黄金能抗腐蚀，所以给开关镀上黄金有助于维持其功能和导电性。

尽管经久耐用，但黄金实际上是一种非常柔软的金属。当人们用黄金制造首饰时，会在黄金中加入镍或铜，以增加其硬度。黄金的纯度用 K 来表示。纯金是 24K，而大多数金饰是 18K。一件首饰中黄金的比例可以通过将 K 数除以 24，然后乘以 100 来确定。例如，一个 18K 的金戒指中，黄金的比例是 75%（18 除以 24，然后乘以 100）。在 18K 的金饰中，黄金通常与铜和银形成合金。黄金呈黄色，铜呈红色，所以在黄金中加入铜会使金饰看上去红一些，加入银之后会使金饰看上去更白一些。

淘金：49淘金者

1849年，人们在加利福尼亚发现了黄金，成千上万来自国内外的人涌向这片土地，希望借此发财。他们中的许多人使用了一种叫作淘金的技术，矿工（也可称为“淘金者”）将带有金色斑点的沙子放在浅盘中旋转。黄金的密度大约是沙子或砾石的9倍，因此当矿工在淘金盘中旋转沙子时，沙子和砾石会被冲刷到淘金盘的边缘，在中间留下密度大得多的黄金。

锌

虽然与铜、银等金属相比，锌的储量并不丰富，但地壳中仍有少量的锌。因为锌的反应性很强，所以在自然界中很难找到单质锌。人们可以从含硫化锌的化合物中提炼锌，这种化合物叫闪锌矿。锌的反应性很强，当锌处于单质状态时，表面会迅速形成一层坚硬的氧化物层。这种涂层可以防止其与空气进一步反应，从而使锌免受腐蚀。在美国，大约90%的锌用于生产镀锌钢。镀锌是在钢表面涂上锌涂层以防止其腐蚀，锌涂层使钢隔绝水和空气。镀锌可以通过将钢浸入熔融的锌溶液或电解液中，通电后使锌附着在钢上来实现。铁链栅栏、垃圾桶和许多其他日用品都是用镀锌钢制成的。

锌的另外一个重要用途是制造干电池。从电子玩具到遥控器，干电池为很多日用品提供能源。电池有一个金属外壳，这个外壳既可作为电池的阳极，又能保护锌制的内壳。电池内还有一个碳棒，是电池的阴极。干电池一般能释放约1.5伏特的电力。

锌目前是制造便士的主要金属，而在以前，这种硬币是铜制的。此外，锌与铜混合形成黄铜，黄铜不仅耐久性强，而且硬度大，因此成为一种非常有使用价值的合金。另一种比较有使用价值的化合物是氧化锌。人们通过在空气中燃烧锌蒸气来获取氧化锌，氧化锌一般用于生产白色涂料。膏状的氧化锌可以阻挡阳光中对皮肤有害的紫外线，因此是一种很好的防晒剂。光敏是氧化锌的另外一个重要特性，这意味着氧化锌在光照条件下的导电性能更好。例如，每台影印机内都有一个光导板，部分光导板就是由氧化锌制成的。将光导板通电，放到印刷文件下，光束通过文件时，文件上的内容就会留在光导板上。光导板有两部分与电荷发生反应。光照射到的部分导电性增强，电荷从光导板上流出。光导板上光照射不到的部分导电性能较差，电荷会留在光板上，电荷的轨迹和文件上的墨迹相对应。然后机器就会把带正电荷的黑色墨粉涂在光导板表面，墨粉就会附着在仍带负电荷的光导板上。加热后将文档中的图像复制到一张新的纸上。

镉

镉是一种质地柔软的银色金属，化学性质与锌相似。与锌相比，镉储量非常稀少。硫化镉矿石是镉的来源之一。镉也存在于锌矿中，但在锌矿中的含量很少，通常只是精炼锌的副产品。镉的发现也与锌有关。1817 年，德国化学家弗雷德里希·斯特罗迈耶（Friedrich Strohmeyer，1776—1835）在研究氧化锌时发现了镉。

和锌一样，镉也可以用来对钢铁进行电镀，防止钢铁腐蚀。然而，因为镉比较稀少，所以价格更贵，人们也就不常使用。镉还会引起人的高血压和肾衰竭等健康问题。烟草叶中含有少量镉，因此，吸烟者有镉中毒的风险。另外，使用镉的电镀企业排出的废物会污染湖泊及其他水源。

镉的主要用途之一是制造电池。镍镉电池，也叫镍镉蓄电池，可以多次充电使用。多次充电使用后电池效能损失不大，因此，镍镉电池比可充电的铅电池更持久耐用。像普通干电池一样，镍镉电池比较轻便，使用比较方便。另外，镉有吸收中子和阻止核反应的能力，所以镉在核反应堆中也有重要用途。镉也是伍德合金（Wood’s metal）的一部分，这种重要的合金由铋和镉组成，镉含量在 12.5% 左右。这种合金的熔点很低，为 158 ℉（70 ℃），因此成为消防喷淋头最佳的密封物，用在许多家庭和建筑物里。当火把喷淋头的密封物加热到一定温度后，密封物会破裂，喷淋头会喷水，从而浇灭火焰。

汞

汞是一种特殊的元素。它是一种重金属，是唯一一种在室温下呈液态的金属。汞呈银白色，是电的良导体，但它是热的不良导体，这在金属当中比较罕见。科学家们证明，人类在几千年前就已经发现了汞。中国古代人就知道这种金属，在公元前 1500 年的埃及坟墓中也发现了汞。汞的英文名字和水星的英文名字相同，而它的化学符号 Hg 来自拉丁词“hydragyrum”，意思是“液态银”。汞的主要来源是朱砂矿。这种矿石主要产于西班牙和意大利，这些地方含有丰富的硫化汞化合物。从朱砂中提取汞的方法是先加热矿石，然后再将产生的蒸气冷凝。

图 4.6　朱砂样品

汞的熔点约为 −38 ℉（−39 ℃），沸点约为 674 ℉（357 ℃），在比较大的温度范围内保持液态，因此，可以用在家庭或者实验室用品上。一些温度计、家庭温控系统中的温度调节器、墙壁开关和荧光灯泡中都含有汞。表面张力大是汞的另外一个有趣的特性。例如，当含汞的温度计破裂时，汞会溢出来，形成的小球体在物体表面滚动而不粘连。这也给人们收集汞造成了麻烦。

汞还能将其他金属溶解，并形成合金，比如溶解金后可以形成汞合金。例如，人们常用汞来从矿石中提取黄金。黄金溶解在汞中形成汞合金，然后将汞合金加热，直到汞蒸发，留下黄金。

虽然这种重金属有许多实际用途，但对人类来说，这是一种剧毒元素，因为它可以通过皮肤和肺被人体吸收。汞进入人体后会与酶发生反应，破坏身体的重要功能。长期接触汞的人会出现记忆丧失等严重的问题。

镧系元素和锕系元素

人们把镧系和锕系元素视为过渡金属，但我们会注意到，这些元素通常不与其他元素一起出现在元素周期表上，而是被列在另外的表格中。镧系元素是原子序数在 57 到 71 之间的元素，以系列中的第一种元素镧命名。长期以来，镧系元素被称为稀土元素。然而，这个名称并不完全准确，因为并非所有的镧系元素都是稀有元素。

多年以来，镧系元素一直很少有或根本没有商业用途。唯一有商业价值的是一种叫混合稀土金属的镧系氧化物混合物，这种金属可以添加到钢合金中以增加其强度。最近，科学家发现了镧系金属的新用途。有的镧系金属化合物可以用来制造彩色电视机。钐和钴形成的合金具有电磁性。铕化合物制成的盐可以用来制作邮票。铈可以用来抛光玻璃，也可以用作自洁炉内壁的涂层。

锕系元素的原子序数在 89 到 103 之间，以该系列的第一种元素锕命名。人们通常把锕系元素称为超铀元素，锕系元素包括周期表中三种最重的天然存在的元素——钍、锕和铀。锕是一种稀有金属，而铀和钍却大量存在于地壳中。除了这三种元素之外，其余的锕系元素都是合成元素，也就是说，那些元素都是通过人工手段合成的。

铀可能是所有锕系元素中最著名的。铀是在 1789 年被发现的，在核武器和核反应堆的制造中起着关键作用。人们在 19 世

57 La 138.9055	58 Ce 140.115	59 Pr 140.908	60 Nd 144.24	61 Pm (145)	62 Sm 150.36	63 Eu 151.966	64 Gd 157.25	65 Tb 158.9253	66 Dy 162.500	67 Ho 164.9303	68 Er 167.26	69 Tm 168.9342	70 Yb 173.04
89 Ac (227)	90 Th 232.0381	91 Pa 231.036	92 U 238.0289	93 Np (237)	94 Pu (244)	95 Am 243	96 Cm (247)	97 Bk (247)	98 Cf (251)	99 Es (252)	100 Fm (257)	101 Md (258)	102 No (259)

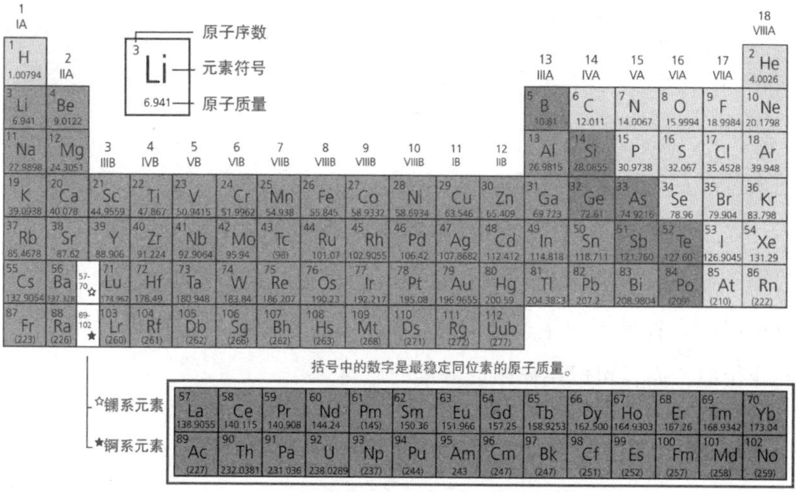

图 4.7　元素周期表中的镧系元素和锕系元素

检测超镄元素

人们把元素周期表最后一行中的一些元素归入一个特殊类别——超镄元素，这些元素的原子序数大于101。

超镄元素的原子核不稳定，因此半衰期极短。对于其中一些元素来说，寿命最长的同位素的半衰期只有几秒钟。因为它们的半衰期很短，所以很难确定它们的性质。然而，人们所知道的是，这些元素在人体、外部环境或经济、工业中没有任何作用。

表 4.2　部分超镄元素的半衰期

超镄元素名称（化学符号）	寿命最长同位素的半衰期
钔（Md）	51.5 天
锘（No）	55 秒
铹（Lr）	35 秒
铲（Rf）	4—5 秒
钍（Db）	40 秒
𬭳（Sg）	30 秒
𬭛（Bh）	15 秒

纪末首次发现和了解到了它的放射性。

除了铀以外，只有少数其他锕系元素有商业用途。目前，钍用于制造便携式气灯。氧化钍既能用来生产高质量的玻璃，也可以用作各种工业生产中的催化剂。钚在铀反应堆方面也有商业价值，而且可以用作核反应堆的燃料。

小结

本章我们了解了位于元素周期表第 3 族到 12 族的过渡金

属。与其他金属相比，过渡元素更稳定，因此更容易在自然界中找到其单质状态。过渡金属还包括镧系元素和锕系元素，这两类元素在元素周期表中通常被单独列出。元素周期表中的锕系元素包含三个密度最大的自然元素——钍、锕和铀。

第 5 章

金属与化学反应

化学反应就是原子重新排列形成新物质的过程。化学反应开始前的元素或化合物叫反应物，反应结束后产生的新物质叫生成物。化学反应分为不同的种类。例如，合成反应是指反应物结合形成新的化合物，而分解反应是指把反应物的主要成分分解开。

物质可以通过物理或化学方法加以处理。物理变化只是物质暂时地转变形态。例如，水沸腾时会产生水蒸气，水蒸气本质上是水的气态形式。水蒸气冷却后又会变成液体。水结冰后就会变成固体。上述过程都不是对水的永久改变，而是对水形态的暂时改变。另一个例子是硫和铁这两种固体的混合。在混合物中放置磁体可以逆转这个物理变化，因为磁体可以将铁吸走，从而把铁和硫分开。

化学变化是物质的化学成分发生实际改变。例如，将硫和铁放在一起加热后，人们就无法通过一般的方法把单个元素分离出来。因此，硫和铁一起加热后形成的是一种新物质。人们要通过化学反应才能把新物质的反应物分离出来。

金属可以形成许多不同的化合物。第 1 族的碱金属与空气和水等许多不同的物质可以发生比较强烈的反应。第 2 族的碱土金属的反应性略低于第 1 族金属。两种或两种以上金属混合可以形成合金，形成合金的过程不是化合，而是混合。许多金属是化学反应的催化剂，也就是说，许多金属元素可以加速化学反应。然而，反应结束后，金属没有任何改变。本章我们将讨论涉及金属元素的各种化学反应。

能量转化

化学反应总会伴随能量变化。通常，这种能量以热能的形式存在。如果一个反应释放热量，那这个反应就是放热反应。如果反应吸收热量，那这个反应就是吸热反应。光是另外一种可以推动化学反应的能量。例如，植物需要产生碳水化合物来维持枝干、叶子和根的健康。植物从土壤和空气中吸收水和二氧化碳，利用太阳的光能发生反应，产生碳水化合物，这个过程称为光合作用。电也可以引起反应。金属是电的良导体，因此，许多涉及金属的化学反应都可以由电引发。实际上，对于钠这样反应性很强的金属，人们需要用电来把它们从化合物中分离出来。

在研究各种各样的化学反应之前，我们需要了解如何用化学方程式来描述化学反应。化学方程式是描述反应的一种简写方法，它基于质量守恒定律，也就是反应物的初始质量等于生成物的质量。

早期化学与古代世界

先民们学会用火后，不仅开始尝试烹饪和制陶，而且开始研究如何用火从矿石和其他材料中提取金属。在古希腊，人们开始思考物质是什么、从哪里来、有什么不同的形式。他们把自己的理论与宗教和神秘主义思想相结合。他们的观点之一是铅和铜这样的贱金属可以转化为黄金，他们认为黄金是最完美、最珍贵的物质。他们将这种做法称为炼金术，早期从事这方面工作的化学家被称为炼金术士。除了早期对金属的研究之外，炼金术士还发明了一种蒸馏技术，这是一种通过蒸发、凝结和冷却来分离液体化学混合物的过程。通过蒸馏，早期的化学家能够制备油、香水以及无机酸。

早期的科学家通过对化学物质和混合物的研究，开始发展起关于人体的医学理论。他们认为疾病是因身体的化学系统不平衡引起的，为了恢复这种平衡并保持身体健康，需要向体内添加某些化学物质或药物，这一理论是现代医学的基础之一。

化学方程式

假设在实验室中，氯化镍（$NiCl_2$）和氢氧化钠（NaOH）溶解在水中，生成固体沉淀物氢氧化镍［$Ni(OH)_2$］和溶于水的氯化钠（NaCl）。以上的描述非常重要，因为它准确地描述了反应的过程，但是用化学方程来表达这个反应更简单，也就是用公式和符号来描述这个反应。

氯化镍和氢氧化钠的方程如下：

$$NiCl_2(aq) + 2NaOH(aq) \rightarrow Ni(OH)_2(s) + 2NaCl(aq)$$

氢氧化钠（NaOH）和氯化钠（NaCl）前的数字“2”是系数。根据质量守恒定律，反应前后物质的量不变。这说明在一个反应中，原子的总数必须守恒，这在方程式中有所体现。

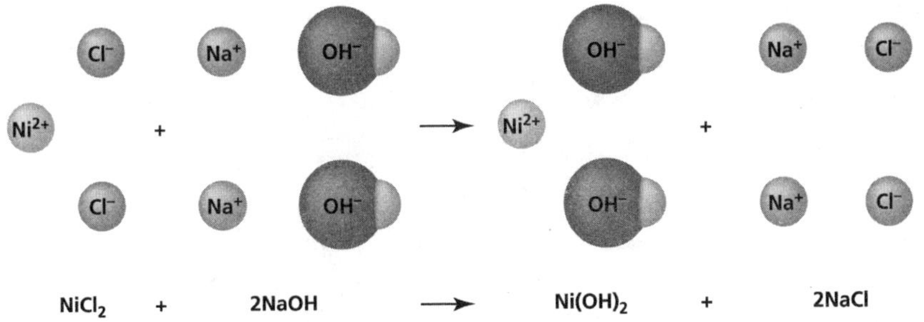

图 5.1　氯化镍与氢氧化钠的化学反应

表 5.1　化学方程符号

符号	含义
→	生成
+	加
(s)	固体
(l)	液体
(g)	气体
(aq)	溶解在水或水溶液中的物质
加热 →	加热反应物
光照 →	光照反应物
通电 →	给反应物通电

下一节将进一步讨论涉及金属的特定反应，其中包括氧化反应、燃烧反应、汞和其他金属之间的反应、金属与电的反应。同时也会探讨金属与酸和碱之间的相互作用。

现代化学的诞生

到了18世纪，化学研究开始从炼金术发展到我们今天所知道的科学。正是在这个时期，著名法国化学家安托万·拉瓦锡（Antoine Lavoisier，1743—1794）确认化学反应中反应物的质量等于生成物的质量，这就是众所周知的质量守恒原理。

拉瓦锡用10克固体氧化汞（红色粉末）做实验，发现了上述原理。他把这种粉末放在一个密闭容器里，然后加热容器，粉末变成了银色液体，这种液体就是水银，该实验也生成了氧气。当拉瓦锡测定氧和汞的质量，即生成物的质量时，发现氧和汞的质量等于反应物氧化汞的质量。

拉瓦锡的这一发现被视为现代化学的基本原理，它确立了化学方程式中反应物和生成物之间的平衡。

氧化反应

许多金属与空气和水发生很强的反应。金属与空气和水中的氧结合形成新物质的过程叫氧化。

氧化的一个例子是生锈。铁、铁制品以及钢，都非常容易生锈，原因是铁很容易与氧反应。当铁与氧反应时，产生氧化铁。氧化铁也叫铁锈，是在铁表面形成的易碎棕色薄片。铁锈附着在铁的表面，腐蚀外层。外层被腐蚀殆尽后，内层就会暴露在氧气中，然后也会生锈。生锈的过程会使铁制品不断变小。

许多反应性强的金属（第1族和第2族金属）与水接触后，会释放氢，并生成一种金属氢氧根化合物。第1族金属的氢氧化物形成的例子是钠与水相互作用时发生的反应。钠放入水中会立刻开始嘶嘶作响，同时会产生氢气。反应还产生溶于水的无色固体氢氧化钠。这个反应是放热反应，也就是说在反

图 5.2　暴露在氧气中生锈的卡车铁车架

应过程中会产生热量。热量将钠变成一个滚动的熔融球，也使水面释放出氢气。该反应可以用以下化学方程式来描述：

$$2Na(s) + 2H_2O(l) \rightarrow 2NaOH(aq) + H_2(g)$$

将一小块钙放在试管里可以作为 2 族氢氧化物形成的例子。第一次放入水中时，钙会下沉到底部。起初，钙块没有太多的反应，因为钙暴露在空气中时，会迅速形成一层保护性的氧化膜。然而，最终氧化层会被水渗透，导致氢被释放出来，从而产生气泡，气泡会把钙带到试管中的水面上。气泡最终破裂，导致钙离子下沉。然而，新气泡形成后会再次将钙带到水面。气泡导致钙在试管中上下浮动，直到所有的钙都完成反应。最终，钙与水的反应在水中生成氢氧化钙。因为氢氧化钙不容易溶解，所以会形成细小的颗粒或沉淀。这些沉淀物或沉到试管底部，或悬浮在水中，使试管呈现浑浊的外观。

燃烧反应

燃烧是一种化学反应，火焰同时作用于可燃材料（比如金属）和助燃剂（比如氧）时，燃烧就会发生。燃烧反应可以产生热量。与周期表中的其他元素相比，金属与火焰和助燃剂的反应时间更长。产生的热量越高，燃烧越剧烈。如果抽离助燃剂、可燃材料或火焰这几个必要元素的其中一个，燃烧就会停止，火就会熄灭。

当一种物质燃烧时，物质本身发生变化并产生新物质。例如，火灾发生时通常会产生烟，碳燃烧时通常会产生烟灰。烟和烟灰是燃烧前不存在的新物质。

钠与氧反应是金属燃烧的一个典型例子。例如，如果把钠放到勺子上加热，直到钠被点燃，然后把钠放在一个干燥的充满氧气的罐子里，就会燃起明亮的黄色火焰，然后形成固体过氧化钠，如下式所示：

$$2Na + O_2 \rightarrow Na_2O_2$$

如果把过氧化钠放入水中，就会形成氧和氢氧化钠，如下式所示：

$$2Na_2O_2 + 2H_2O \rightarrow 4NaOH + O_2$$

金属与电的反应

1800年，亚历山德罗·伏特（Alessandro Volta，1745—1827）用电解的方式将水分离成氧和氢，从而发明了世界上第一个电池。电解的发现使化学家能够分离出钠和钾等金属，并帮助化学家确定金属的某些性质。电解也让科学家能研究金属的化学反应性，并确定金属是电的良导体。

化学家迈克尔·法拉第（Michael Faraday，1791—1867）

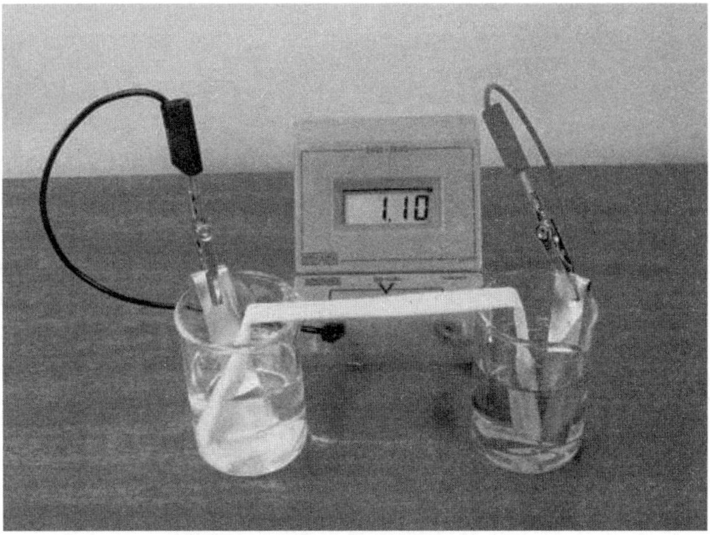

图 5.3　锌铜电池

注：锌铜电池展示了锌和铜元素的电子活动。锌条浸在硫酸中（图左），铜条浸在硫酸铜溶液中（图右）。"盐桥"连接两种溶液，闭合电路，让电流流动。

发现，虽然水不是电的良导体，但如果在水中加入钠化合物制成的盐，水的导电性就会提高。这是因为盐化合物的溶液被离子化，离子能够导电。人们把任何能导电的溶液都称为电解液。

过渡金属铜是电的良导体，人们经常用铜来建设和开发将电从发电站输送到家庭、办公室和其他建筑物中的输电系统。铜的延展性也很强，也就是说我们可把铜拉成铜线，这是铜成为理想输电材料的另一个原因。在电镀过程中，电可以帮助实现在金属表面镀上一层薄薄的铜。

酸和碱

金属与酸和碱都可以发生反应。酸是把氢离子（H^+）给其

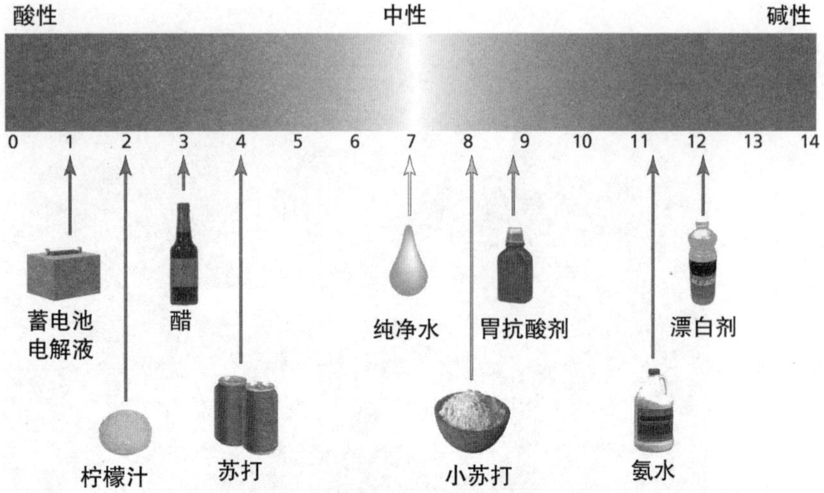

图 5.4　pH 值

注：pH 值为 7 的是中性物质。7 左边的值表示溶液酸性越来越强，右边的值表示溶液碱性越来越强。

他原子的化合物。碱是接受离子的化合物，通常生成氧化物或氢氧化物（OH^-）。碱可以溶于水。酸和碱的反应通常发生在水或水溶液中，可以生成盐。人们用 pH 值测定法测定溶液中氢离子的浓度，pH 值低于 7 的溶液是酸性溶液，pH 值越低酸性越高。当 pH 值达到 7 以上时，溶液是碱性溶液，pH 值越高，溶液碱性越强。中性溶液 pH 值为 7。

物质的 pH 值可以用石蕊试纸来测定，这种方法叫石蕊测试。石蕊来源于地衣，地衣由真菌和另外一种通过光合作用为地衣提供食物的生物组成。人们把石蕊涂在纸上做成石蕊试纸，石蕊试纸与酸接触时就会变成红色。石蕊试纸颜色是逐渐变化的。当用碱不断中和酸性溶液时，石蕊试纸的颜色从红色逐渐变为绿色，最后变为蓝色。石蕊试纸的测试范围为 1 到 14，pH 值为 1 的是强酸溶液，pH 值为 14 的是强碱溶液。

当一种比氢反应性更强的金属与酸接触时，金属原子会取代酸中的氢原子，然后氢以气体的形式释放出来，剩下盐溶液。例如，当镁与盐酸结合时，反应生成氢气和盐化合物氯化镁，如下式所示：

$$Mg\,(s) + 2HCl\,(aq) \rightarrow MgCl_2\,(aq) + H_2\,(g)$$

另一个例子是把硫酸滴在锌片上，锌片与硫酸反应释放氢气。剩下的盐溶液是硫酸锌溶液，溶液在反应中冒气泡。然而，值得注意的是，锌的反应性比镁弱，所以锌的反应不如镁与盐酸反应时那样迅速和剧烈。

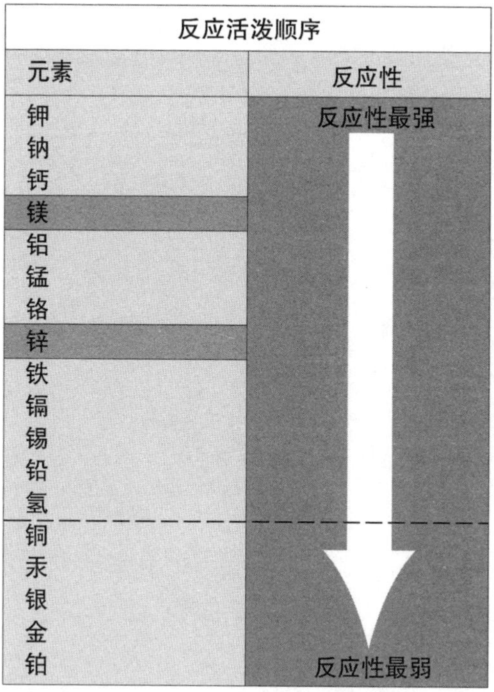

反应活泼顺序
元素
反应性
钾
钠
钙
镁
铝
锰
铬
锌
铁
镉
锡
铅
氢
铜
汞
银
金
铂
反应性最强
反应性最弱

图 5.5　化学元素反应活泼顺序表

注：该表用于比较元素的反应性。图中位置较高的元素比位置较低的元素反应性更强。例如，图中钠的位置比铅高，因为钠的反应性比铅强。

小结

本章主要讨论了化学反应的开始、进行和结束，介绍了金属在反应中的表现和变化。人们用化学方程式来描述化学反应的重要特征。例如，化学反应总是伴随着能量变化，反应释放能量时会放热，反应吸收能量时会吸热。本章还介绍了各种类型的化学反应，其中包括氧化反应和燃烧反应，以及涉及电、酸和碱的反应。

第 6 章

世界上的金属

金属包括各种各样的元素。一些金属以单质形式存在，而另一些非常活泼的金属在自然界中只以化合物的形式存在。许多金属对生物有毒性，对环境也有危害，人们需要密切监测这类金属。但其他许多金属对社会和我们的生活至关重要。这些金属广泛应用于各行各业、日常用品，以及房屋和学校的建设中。本章将介绍一些常见的金属及其在当今世界的作用和影响。

钾

钾是植物生长不可或缺的元素。在人们生产的钾中，有大约 95% 用于生产硝酸钾（KNO_3）肥料。土壤中也含有钾，腐烂的动植物可以向土壤源源不断地输送钾。然而，当人们耕地时，就会中断营养补充的过程，导致钾的流失，因此人们要给土壤施肥。

人们把大量钾制成用于制造玻璃的碳酸钾（K_2CO_3）。将碳酸钾添加到玻璃中可以使玻璃更坚固，更耐刮擦。

钠

许多具有重要经济价值的化合物都含有钠元素。最著名的钠化合物之一是盐或称氯化钠（NaCl）。每年全球的盐矿一共能出产大约 2 000 万吨盐。人们也从海水中提取盐，但海水中的盐含量低于盐矿。

每年生产的盐有一半以上用于化工行业，化工行业用盐来生产氢氧化钠和碳酸钠等化合物。剩余的盐被用到食品工业中，制成防腐剂，防止食物变质，或者把盐做成调味品。在冬季，如果冰雪影响司机驾驶，人们还用盐为道路除冰。

人们用氢氧化钠疏通工厂、办公室和家庭中堵塞的下水道。人们用碳酸钠制作玻璃和洗涤剂，用碳酸钠溶液中和水里的酸。因为碳酸钠可以增加二氧化碳的溶解度，所以人们也用碳酸钠生产软饮料和苏打水，生产出来的这些饮料能够产生气泡。与碳酸钠相关的化合物是碳酸氢钠，也叫小苏打，可以用于制造灭火器。碳酸氢钠与硫酸在一个加压的罐中混合，生成二氧化碳气体，然后通过灭火器释放泡沫来扑灭火灾。其他重要的钠化合物包括：能漂白造纸纸浆的硼氢化钠（$NaBH_4$）；用于汽车气囊的叠氮化钠（NaN_3）；用于生产染料的氨基钠（$NaNH_2$）。

钠也用于照明。钠在受热时，或者钠蒸气通电时，会发出黄色的光。这种光在雾中不会散射，因此钠是制造路灯和汽车前大灯的理想材料。另外，钠制成的灯泡也更省电。

锂

锂化合物有许多重要的工业用途。每年大约有一半的锂氧化物用于制造玻璃和玻璃陶瓷。锂氧化物，以及碳酸锂，也用于生产一些医药产品。

人们经常把锂与其他金属结合成合金。当锂与铝或镁结合时，锂能使合金更轻、更坚固。人们用这种镁锂合金来制作士兵和执法人员穿的防护装甲。铝锂合金在航空业中发挥了重要作用。用铝锂合金制造的飞机质量更轻，需要的燃料更少，从而为航空公司节省了大量成本。然而，这种合金比单质铝更脆，延展性更差。这个问题可以通过在合金中加入少量铜或锆等其他金属来解决。人们也用含这些金属的铝镁合金制造自行车车架和高铁列车。

氯化锂是另外一种重要的锂化合物，具有明显的吸水性，因此人们在生产空调设备时会用到氯化锂。另一种化合物硬脂酸锂，是硬脂酸和氢氧化锂反应的产物。人们用这种化合物生产一种能承受极低温度的润滑剂。

锂和炸弹制造

锂的一种同位素锂-6在氢弹制造中发挥了重要作用。在氢弹中，两种氢的同位素氘和氚发生热核聚变，产生巨大能量。热核聚变需要数百万度的极高温来使同位素的原子核相结合。科学家们需要一种方法，既能产生如此高的温度，又能提供足够的氢同位素来制造有效的炸弹。

第二次世界大战期间，物理学家爱德华·泰勒（Edward Teller）提出，使用一种由锂同位素锂-6和氘组成的化合物可能是解决上述问题的方法。当这种名为氘化锂的化合物受到中子轰击时，会发生核反应生成氚。泰勒是出生于匈牙利的美国人，他还建议用一层氘化锂来包裹由铀制成的原子弹，以增强其爆炸威力。他解释说，当铀弹爆炸时，产生的中子足以将锂-6转化为氚，爆炸还会产生足够的热量，使氚和氘发生聚变。泰勒的想法获得了成功，制造出具有高度破坏性的炸弹。

锂也被用于储存氢气。氢和锂反应生成氢化锂，氢化锂与水结合释放出氢。

铁

铁的用途比其他任何金属都要多。目前全球每年新铁的产量达到了约 5 亿吨，铁的产量占全球精炼金属的 90% 以上。铁的用途数不胜数，从汽车到建筑，再到船舶和家用电器，铁制品与我们日常生活息息相关。

把铁矿石和焦炭放到高炉中一起加热可以得到铁。铁矿石

图 6.1　炼铁

中的氧化铁在极高的温度下转化为铁水，也就是“生铁”。生铁中含有硅、锰等大量杂质，这导致生铁比较脆，无法正常使用，所以必须要对生铁进一步冶炼。把生铁和大量的氧放在一起加热，这样就能除去生铁中的碳，这个过程的产物就是钢。

钢分很多种，把不同物质或材料添加到钢里可以赋予钢不同的特性。镍钢就是一个例子，镍钢中含有少量镍，因此具备一定的抗压强度。镍钢可以用来建造桥梁和铁塔，也可以用来制造自行车链条。人们把钨、钒这样的过渡金属添加到钢中，使其更耐高温。因为锰钢比普通钢更耐用，而且能抵抗更高能的冲击，可用于制造铁锹和枪管。在铁中加入镍和铬可以得到不锈钢，人们常用不锈钢来制作炊具。

铁在战争和武器方面也发挥了重要作用。约公元前 1100 年的铁器时代，战士们开始使用铁剑。这些强大的剑征服了许多对手，成为 2 000 多年来人们首选的武器。在后来的历史进程中，铁还在火药、炮弹、枪壳和子弹的生产中发挥了作用。

铀

铀是密度最大的天然元素。铀可以释放巨大的能量，用于制造原子弹和核反应堆。铀的威力非常大，如果落到不法分子手中，对社会的危害非常大，因此，美国政府专门设立了一个名为核管理委员会的机构，负责管理所有的铀交易。

铀三种主要的同位素：铀 -238、铀 -235 和铀 -234。这些同位素的半衰期非常长。铀 -238 的半衰期最长，为 46 亿年，这意味着该同位素的放射性较低，原子核衰变次数较少。铀 -235 的半衰期为 7 亿年，铀 -234 的半衰期为 2 500 万年。由于铀同位素的半衰期很长，所以人们认为单质铀的放射性相当弱。单质铀衰变会生成其他放射性同位素，其中包括氡和钋。这些同位素构成了铀衰变系。

20 世纪 30 年代，科学家通过铀实验，发现了核裂变的过程。他们注意到，当他们用中子轰击铀时，产生了钡和氪两种元素，它们的原子只有铀原子的一半大小。科学家们确定，铀原子核通过一个被称为核裂变的过程分裂成两个碎片。原子核的分裂，释放出大量中子和巨大的能量。科学家们利用这些发现来分裂一条铀核链，该链产生的能量目前来自核反应堆。在人们可控的情况下，这种能量可以用于发电厂。在不可控的连锁反应中，铀原子会发生爆炸。在第一颗用于战争的原子弹中，铀是关键元素。二战期间，这枚含有同位素铀 -235 的原子弹于 1945 年 8 月 6 日被投放在日本广岛，其爆炸威力足以摧毁近 5 万栋建筑，造成约 7.5 万人死亡。

银

银在工商业中具有广泛的用途。美国工业界每年使用 600 多万磅（270 多万公斤）银。仅电子工业就消耗了 25% 的银，尽管美国摄影行业每年也需要大量银来制作胶卷和相纸。牙科用品行业还使用银来制作牙齿填充物。

氯化银、碘化银和溴化银等含银化合物对光高度敏感。这些银盐暴露在光线下会变暗，这一过程叫光化分解。胶卷中含有一种溴化银乳剂，当光照到乳剂上时，溴化银分子中的银离子就会变得“活跃”。这些带电离子在乳剂表面形成原子，同时在胶片上再现所拍摄的图像。人们也用银盐制造光变太阳镜，这种太阳镜在阳光下会变暗。在制造镜片的过程中，小颗粒的氯化银与玻璃结合在一起。当镜片表面暴露在光线下时，玻璃上就会形成一层薄薄的银，一旦镜片离开光线，镜片又重新变得清晰，这是因为新加入的铜离子使银离子恢复到原来的形态。

图 6.2　金属的各种用途：（a）锌螺母；（b）胶卷；（c）锂电池；（d）铀坯

锌

美国每年生产的锌中，大约 90% 用于生产镀锌钢。镀锌是在钢表面涂一层锌，防止钢因为与空气反应而生锈。垃圾桶和金属围栏等常见的日用品和商品都是由镀锌钢制成的。

锌也可以用来制造电池。世界上第一块干电池包含锌制阳极、碳制阴极，以及氯化铵糊制成的碱性电解质，可以释放 1.5 伏特电量。

锌可以用于制造硬币。从 20 世纪 80 年代初开始，人们就已经用锌制造便士，虽然人们不用铜制造便士，但是人们仍旧会在便士表面镀上一层薄薄的铜来使其呈现红棕色。硫化锌作为荧光剂用在许多电子设备上。荧光剂受到电子撞击时会发光，可以用在电视和电脑显示器的显示管上。电子管生成带电子的光束后，光束会撞击硫化锌涂层，然后屏幕上就会出现图像或电脑影像。

氧化锌是另外一种重要的商用化合物，在橡胶工业中被用作催化剂，也可以用于制作塑料、化妆品、墙纸和印刷油墨等产品的颜料。氧化锌能导电，因此可以用在复印机上。

汞

汞是一种易挥发的有毒物质。它很容易通过人的皮肤或呼吸进入人体，然后与人体内的酶发生化学反应，使酶失去活性。汞中毒的症状包括基本神经系统功能退化，比如神经反射和运动能力丧失。中毒后，牙齿和毛发脱落的情况也可能发生，人的记忆也会受损。少量的汞就可以对人造成伤害。实际上，专家们估计，一茶匙汞产生的蒸气能在一周内污染一个相当大的房间。因此，对那些在实验中使用汞的化学家来说，汞是一种非常危险的物质，在处理时要非常小心。

虽然对人类来说，汞是一种危险物质，但它也是对付害虫最有效的毒药。例如，氯化汞（$HgCl_2$）就是一种有效的杀菌剂和农药。氯化亚汞（Hg_2Cl_2）是一种与氯化汞相似的化合物，毒性比氯化汞小，在农业生产中用来消灭蛆或其他可能损害作物的害虫。

然而，含汞的杀虫剂对环境产生了负面影响，许多含汞的化合物已被禁止在商业和农业行业中使用。农业上使用的汞最终会进入湖泊和河流等水体，生活在这些水体中的某些微生物会将汞纳入新陈代谢中。这些微生物是鲑鱼和旗鱼等鱼类的主要食物，所以如果这些微生物受到汞污染，鱼也会受到污染。科学家和健康专家担心，如果汞在大型鱼类体内积累，比如累积在人们食用的鲑鱼体内，就会导致人体内汞含量达到危险水平。因此人们目前正在努力控制含汞化合物对水源的污染。

镁

镁是一种重要的结构材料，主要是因为它密度小。镁的密度为 1.74 克 / 立方厘米，仅略高于水的密度（1.00 克 / 立方厘米）。镁的密度约为铁的五分之一，铝的三分之二。人们通常把镁与其他金属混合，生成质量轻但强度大的合金。铝和镁结合在一起后，合金比单独的铝更轻、更耐腐蚀、更耐用。铝镁合金既可以用于制造梯子、电动工具等家用产品，也可以用来制造飞机部件和赛车。汽车生产商也在生产中使用镁及镁合金，因为它们的低密度特性能帮助生产商制造出更轻的汽车。质量更轻的汽车对环境有利，因为它们需要的燃料更少，使用寿命更长，而且在车祸中造成的伤害更小。当这些产品报废时，镁可以以低成本进行回收再利用。

在自然界中，镁在所有绿色植物的生命周期中起着重要的作用。叶绿素中含有镁，能通过光合作用将太阳能转化为化学能。镁使叶绿素分子具备吸收光的能力，也使叶绿素分子呈现绿色。

小结

本章探讨了金属的来源和在自然环境中的表现。本章提到的许多金属在人们日常生活中扮演着重要角色，而且是人们日常用品的原材料。例如，氯化钠（NaCl），即盐，是重要的食品调味剂。另一种含钠物质——碳酸钠，不仅用于制造玻璃和灯具，还用于生产洗涤剂等清洁材料。和其他金属相比，铁的用途更广泛，可以用于生产钢铁等建筑材料，没有铁，就没有我们如今的家和学校。有些金属具有毒性，比如汞，在课堂或实验室中使用汞之前，一定要了解汞的特性。

第 7 章

金属与身体健康

人体每天都与金属元素相互作用。一些金属元素存在于人们体内，而另一些则用来生产药物，帮助人们保持身体健康。也有一些金属，如汞，对人体有害。本章将探讨这些元素与人体的相互作用。

人体中的钾和钠

钾和钠在我们的身体中发挥着关键作用，它们参与了神经系统中的脉冲和信息传递。人体内有两种液体：细胞内液（ICF）和细胞外液（ECF）。细胞内液是存在于细胞内的液体，占人体水分的 65%。细胞外液存在于细胞外，占剩下的 35%。细胞外液由钠和氯的溶液组成，氯化钠（NaCl）可以分解为钠离子（Na^+）和氯离子（Cl^-）。细胞内液由钾离子（K^+）组成。钠离子（Na^+）和钾离子（K^+）都是人体神经元传递脉冲所必需的物质。

钾

钾对人体内的红细胞、肌肉和脑组织非常重要。人体肌肉组织和肾脏的运作也离不开钾的持续供应。缺钾使人感到肌肉无力，对心肌也有不利影响，可能会导致心律不齐甚至心脏骤停。饥饿和某些肾脏疾病会导致缺钾。腹泻会导致钾大量流失，引起虚弱和疲惫症状。然而，由于水果和蔬菜等食物中钾元素含量丰富，因此长期缺钾的情况并不常见。

然而，过量的钾对身体也有害。几克氯化钾化合物就可以麻痹神经系统。体内钾含量过高会干扰电脉冲传输，从而导致所有的身体功能丧失，比如心脏肌肉功能失效，最终完全停止跳动。

钠

钠是动物和人类饮食中不可或缺的物质。缺乏钠会导致肌肉痉挛。然而，饮食中钠含量过高也会对健康造成负面影响。医生建议，心脏或肾脏疾病患者要降低饮食中的钠含量。如果心脏或肾脏功能异常，身体排除多余钠的能力就会减弱。身体只能通过增加水分来维持平衡，但水分会增大对动脉的压力，继而导致高血压等许多健康问题。

在热带地区，盐能挽救人们的生命。对这些地区的儿童来说，腹泻是一种很常见的症状，如果儿童得不到及时治疗，就会脱水。事实上，据估计，每年有超过 1 000 万儿童死于腹泻和脱水。补充葡萄糖盐溶液是一种简单、便宜的治疗方法。由葡萄糖、柠檬酸钠和氯化钾组成的物质溶解在水中，供儿童或成人饮用。这种方法对另一种热带疾病——霍乱引起的腹泻也很有效。

人体中的铁

铁对人体非常重要，因为它把氧气输送到体内各器官和组织中。氧气通过血红蛋白分子进入红细胞。每个血红蛋白分子含有四个铁原子，氧分子与血红蛋白中的铁原子结合，传输到身体各处。

除了运送氧气外，铁在人体中还有许多其他作用。铁对维持各种酶的功能很重要，而且铁使细胞能够利用葡萄糖释放能量。大脑中的某些区域含有大量的铁，说明正常的大脑需要铁元素。一些研究人员认为，婴幼儿缺铁会阻碍智力发育。肝脏

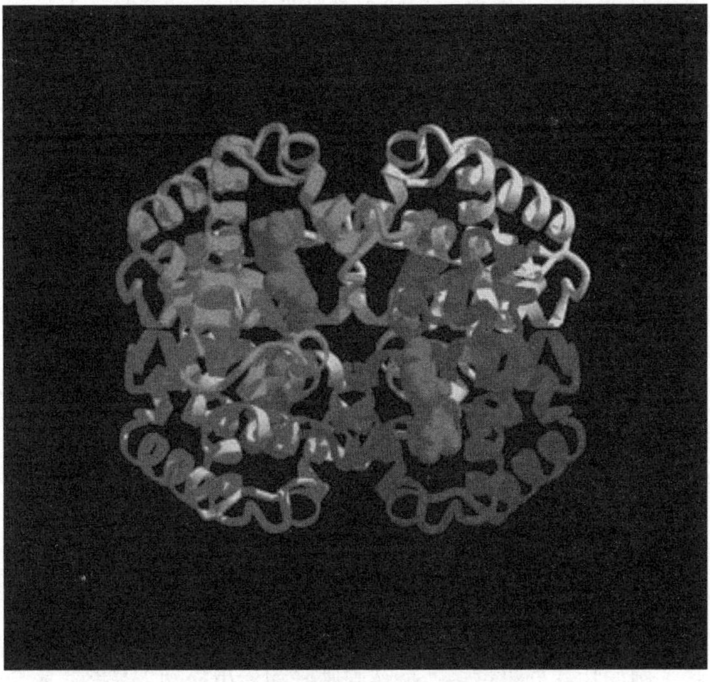

图 7.1　血红蛋白分子的带状结构

注：血液中的血红蛋白在体内运输氧气。血红蛋白中的铁使血液呈现红色。

含有丰富的铁。事实上，肝脏储存了过量的铁。

铁每天会通过肠壁流失，因此人体每天需要摄入一定量的铁。男性每日推荐的铁摄入量约为 7 毫克，女性要稍微多一点，大约 11 毫克。在西方社会，男性和女性都可以通过正常饮食很轻易地摄入足够的铁。实际上，典型的西方饮食每天提供大约 20 毫克铁，因为面包和鸡蛋等许多主食都富含铁。并不是食物中所有的铁元素都被人体吸收，实际上只有大约 25% 的铁元素被人体吸收，但这已经足够满足身体的日常需求。

虽然西方人能通过饮食获得大量的铁，但对世界其他地方的许多人来说，饮食中缺铁是一个问题。缺铁会导致贫血。据估计，全世界大约有 5 亿人贫血，这是因为他们没有从饮食中摄取足够的铁。贫血的症状包括疲劳、头晕，有时还会心跳加速。

体内铁元素过多也会造成一些问题。血色素沉着症患者体内的铁含量过高，导致铁在包括脾脏、心脏和肝脏在内的各种器官中积聚。血色素沉着症会引起关节痛、心力衰竭、肝功能衰竭或糖尿病。

人体中的汞

汞单质和含汞化合物对人体有毒。由于汞是通过肺、皮肤和消化系统进入人体的，所以任何接触这种金属的人都有汞中毒的风险。孕妇和她们的胎儿很容易汞中毒。如果孕妇接触到汞，并且汞进入其体内，汞就会进入胎盘对胎儿造成伤害。

汞中毒最初的症状包括严重头痛、恶心、呕吐、胃痛和腹泻。长时间反复接触汞会导致汞在体内积聚，造成更严重的症状，例如唾液分泌过多、唾液腺肿胀和牙齿松动。最终，汞会影响大脑和中枢神经系统的其他区域，导致疲劳、虚弱、记忆丧失和睡眠障碍。汞中毒也常常会导致心理症状，比如抑郁

测量头发中的汞含量

通过一根头发就可以测出人体内积累的汞含量。硫吸引汞，而头发是由许多不同种类的含硫氨基酸组成的，这些物质会吸引汞，并形成人一生中接触汞的永久记录。很早以前，家人朋友常会保存已故亲人的一缕头发。利用现代技术，人们对历史上不同时期的头发进行了汞含量分析。例如，人们发现著名科学家艾萨克·牛顿爵士（Sir Isaac Newton，1642—1727）头发中的汞含量很高。这并不奇怪，因为他一生中大部分时间都与化学品打交道，可能接触过大量汞。英国国王查理二世去世后，人们也发现他头发中汞含量很高。查尔斯练习炼金术，可能在通风不良的房间里接触过高浓度汞。

症、妄想症和易怒症。

以前，从事某些职业的人群特别容易汞中毒。19 世纪，西方谚语“疯得像帽匠一样”（mad as a hatter），因为路易斯·卡罗尔《爱丽丝漫游仙境》中的疯帽匠角色而流行起来，之所以会有这句话，是因为帽匠在生产某些帽子时会使用汞化合物。人们发现这些帽匠有一些不正常的行为，比如说话含糊不清或者身体颤抖，而且经常情绪烦躁、抑郁和偏执。最终人们发现这些帽匠是汞中毒。帽匠在通风不良的房间里长时间工作，这使他们长期接触汞。20 世纪中叶，许多国家禁止在制帽工业中使用汞化合物。20 世纪，许多侦探和执法人员在犯罪现场使用汞化合物来采集指纹，直到人们认识到它的危险性。现在的指纹检测粉中使用了其他物质，其中包括铝和锌。

人体中的钙

钙是所有生物所必需的元素。钙化合物是哺乳动物、两栖动物、爬行动物、鸟类、鱼类以及其他陆地和海洋动物骨骼的重要组成部分。钙是人体中含量最丰富的金属，不仅构成了人

图 7.2　钙存在于许多食物中

体的骨骼，并且在人体新陈代谢系统中发挥其他功能。这些功能包括维持细胞相互连接、帮助肌肉收缩和神经脉冲传导、促进血液凝固和控制细胞分裂。

钙对维持人体正常运转非常重要，因此成为人们日常饮食的重要组成部分。钙对儿童和孕妇尤其重要，因为它能促进骨骼和牙齿的生长和健康。富含钙的食物包括奶酪、牛奶、酸奶和菠菜等绿叶蔬菜。

钙和含钙化合物经常用于各种药物。例如，碳酸钙是一种有效的抗酸药，可用于缓解消化不良，而乳酸钙可以治疗缺钙。

人体中的锌

锌对于人类和动物的健康至关重要。体内储存锌的部位主要是眼睛、肌肉、肾脏和肝脏。人体每天主要通过汗液和尿液排出自身总锌量的 1% 左右。另外，锌对人体中调节生长、发育和寿命的酶也很重要。含锌酶可以维持身体消化和免疫系统的正常功能，人们认为这些酶与大脑中控制味觉和嗅觉部分的功能密不可分。成年人平均每天摄入 5 到 40 毫克锌，富含锌的食物包括牛肉、肝脏、羊肉和奶酪。

人体中的锂

锂有多种药用价值，尽管在一定程度上可能是一种有毒物质。19 世纪，人们用锂来治疗痛风。痛风是一种让人感到疼痛的疾病，患病后尿酸会在患者的关节处积聚，尤其会在脚周围积聚。随着尿酸不断积聚，其分子会形成难溶的晶体，这些晶体可能会妨碍治疗。然而，医生发现，含锂的尿酸化合物更容易溶解。因此泡在富含锂的温泉和浴池里很快就成为治疗痛风的流行方法。然而，人们发现这些温泉水经过稀释后，锂含量太低，没有任何有用的效果。

20 世纪中期，医生们对抑郁症患者进行实验，使用各种锂化合物为他们治疗。20 世纪 70 年代，欧洲和美国广泛地用锂治疗躁郁症。躁郁症的特征是极端的情绪波动。目前人们还不清楚锂为什么能治疗躁郁症。一些研究人员认为，之所以有人会患上躁郁症，是因为他们大脑中过量产生了一种名为肌醇磷酸盐的化学物质，而锂能使这种化学物质恢复到正常水平。

小结

我们通过本书了解了金属对环境和人体的重要意义。但有关金属的内容非常丰富，本书只是对特定元素进行了初步探索。有关金属以及元素周期表的其他元素的知识有待读者进行更深入的学习和理解。

附录一 元素周期表

3 Li 锂 6.941	
3	原子序数
Li	元素符号
锂	元素名称
6.941	原子质量

1 IA	2 IIA		3 IIIB	4 IVB	5 VB	6 VIB	7 VIIB	8 VIIIB	9 VIIIB
1 H 氢 1.00794									
3 Li 锂 6.941	4 Be 铍 9.0122								
11 Na 钠 22.9898	12 Mg 镁 24.3051								
19 K 钾 39.0938	20 Ca 钙 40.078		21 Sc 钪 44.9559	22 Ti 钛 47.867	23 V 钒 50.9415	24 Cr 铬 51.9962	25 Mn 锰 54.938	26 Fe 铁 55.845	27 Co 钴 58.9332
37 Rb 铷 85.4678	38 Sr 锶 87.62		39 Y 钇 88.906	40 Zr 锆 91.224	41 Nb 铌 92.9064	42 Mo 钼 95.94	43 Tc 锝 (98)	44 Ru 钌 101.07	45 Rh 铑 102.9055
55 Cs 铯 132.9054	56 Ba 钡 137.328	57-70 ☆	71 Lu 镥 174.967	72 Hf 铪 178.49	73 Ta 钽 180.948	74 W 钨 183.84	75 Re 铼 186.207	76 Os 锇 190.23	77 Ir 铱 192.217
87 Fr 钫 (223)	88 Ra 镭 (226)	89-102 ★	103 Lr 铹 (260)	104 Rf 𬬻 (261)	105 Db 𬭊 (262)	106 Sg 𬭳 (266)	107 Bh 𬭛 (262)	108 Hs 𬭶 (263)	109 Mt 鿏 (268)

☆ 镧系元素	57 La 镧 138.9055	58 Ce 铈 140.115	59 Pr 镨 140.908	60 Nd 钕 144.24	61 Pm 钷 (145)
★ 锕系元素	89 Ac 锕 (227)	90 Th 钍 232.0381	91 Pa 镤 231.036	92 U 铀 238.0289	93 Np 镎 (237)

括号中的数字是最稳定同位素的原子质量。

（续表）

10 VIIIB	11 IB	12 IIB	13 IIIA	14 IVA	15 VA	16 VIA	17 VIIA	18 VIIIA
								2 He 氦 4.0026
			5 B 硼 10.81	6 C 碳 12.011	7 N 氮 14.0067	8 O 氧 15.9994	9 F 氟 18.9984	10 Ne 氖 20.1798
			13 Al 铝 26.9815	14 Si 硅 28.0855	15 P 磷 30.9738	16 S 硫 32.067	17 Cl 氯 35.4528	18 Ar 氩 39.948
28 Ni 镍 58.6934	29 Cu 铜 63.546	30 Zn 锌 65.409	31 Ga 镓 69.723	32 Ge 锗 72.61	33 As 砷 74.9216	34 Se 硒 78.96	35 Br 溴 79.904	36 Kr 氪 83.798
46 Pd 钯 106.42	47 Ag 银 107.8682	48 Cd 镉 112.412	49 In 铟 114.818	50 Sn 锡 118.711	51 Sb 锑 121.760	52 Te 碲 127.60	53 I 碘 126.9045	54 Xe 氙 131.29
78 Pt 铂 195.08	79 Au 金 196.9655	80 Hg 汞 200.59	81 Tl 铊 204.3833	82 Pb 铅 207.2	83 Bi 铋 208.9804	84 Po 钋 (209)	85 At 砹 (210)	86 Rn 氡 (222)
110 Ds 𫟼 (271)	111 Rg 𬬭 (272)	112 Cn 鿔 (277)	113 Uut (284)	114 Fl 𫓧 (285)	115 Uup (288)	116 Lv 𫟷 (292)	117 Uus ?	118 Uuo ?

62 Sm 钐 150.36	63 Eu 铕 151.966	64 Gd 钆 157.25	65 Tb 铽 158.9253	66 Dy 镝 162.500	67 Ho 钬 164.9303	68 Er 铒 167.26	69 Tm 铥 168.9342	70 Yb 镱 173.04
94 Pu 钚 (244)	95 Am 镅 243	96 Cm 锔 (247)	97 Bk 锫 (247)	98 Cf 锎 (251)	99 Es 锿 (252)	100 Fm 镄 (257)	101 Md 钔 (258)	102 No 锘 (259)

附录二　电子排布

3 Li	
锂	元素名称

- 3 — 原子序数
- Li — 元素符号
- 锂 — 元素名称
- [He] $2s^1$ — 电子排布

1 IA ns^1	2 ns^2		3 IIIB	4 IVB	5 VB	6 VIB	7 VIIB	8 VIIIB	9 VIIIB
1 H 氢 $1s^1$									
3 Li 锂 [He]$2s^1$	4 Be 铍 [He]$2s^2$								
11 Na 钠 [Ne]$3s^1$	12 Mg 镁 [Ne]$3s^2$								
19 K 钾 [Ar]$4s^1$	20 Ca 钙 [Ar] $4s^2$		21 Sc 钪 [Ar]$4s^23d^1$	22 Ti 钛 [Ar]$4s^23d^2$	23 V 钒 [Ar]$4s^23d^3$	24 Cr 铬 [Ar]$4s^13d^5$	25 Mn 锰 [Ar]$4s^23d^5$	26 Fe 铁 [Ar]$4s^23d^6$	27 Co 钴 [Ar]$4s^23d^7$
37 Rb 铷 [Kr]$5s^1$	38 Sr 锶 [Kr]$5s^2$		39 Y 钇 [Kr]$5s^24d^1$	40 Zr 锆 [Kr]$5s^24d^2$	41 Nb 铌 [Kr]$5s^14d^4$	42 Mo 钼 [Kr]$5s^14d^5$	43 Tc 锝 [Kr]$5s^14d^6$	44 Ru 钌 [Kr]$5s^14d^7$	45 Rh 铑 [Kr]$5s^14d^8$
55 Cs 铯 [Xe]$6s^1$	56 Ba 钡 [Xe]$6s^2$	57-70 ☆	71 Lu 镥 [Xe] $6s^24f^{14}5d^1$	72 Hf 铪 [Xe] $4f^{14}6s^25d^2$	73 Ta 钽 [Xe]$6s^25d^3$	74 W 钨 [Xe]$6s^25d^4$	75 Re 铼 [Xe]$6s^25d^5$	76 Os 锇 [Xe]$6s^25d^6$	77 Ir 铱 [Xe]$6s^25d^7$
87 Fr 钫 [Rn]$7s^1$	88 Ra 镭 [Rn]$7s^2$	89-102 ★	103 Lr 铹 [Rn] $7s^25f^{14}6d^1$	104 Rf 𬬻 [Rn]$7s^26d^2$	105 Db 𬭊 [Rn]$7s^26d^3$	106 Sg 𬭳 [Rn]$7s^26d^4$	107 Bh 𬭛 [Rn]$7s^26d^5$	108 Hs 𬭶 [Rn]$7s^26d^6$	109 Mt 鿏 [Rn]$7s^26d^7$

☆ 镧系元素

57 La 镧 [Xe] $6s^25d^1$	58 Ce 铈 [Xe] $6s^24f^15d^1$	59 Pr 镨 [Xe] $6s^24f^35d^0$	60 Nd 钕 [Xe] $6s^24f^45d^0$	61 Pm 钷 [Xe] $6s^24f^55d^0$

★ 锕系元素

89 Ac 锕 [Rn]$7s^26d^1$	90 Th 钍 [Rn] $7s^25f^06d^2$	91 Pa 镤 [Rn] $7s^25f^26d^1$	92 U 铀 [Rn] $7s^25f^36d^1$	93 Np 镎 [Rn] $7s^25f^46d^1$

（续表）

10 VIIIB	11 IB	12 IIB	13 IIIA ns^2np^1	14 IVA ns^2np^2	15 VA ns^2np^3	16 VIA ns^2np^4	17 VIIA ns^2np^5	18 VIIIA ns^2np^6
								2 He 氦 $1s^2$
			5 B 硼 [He]$2s^22p^1$	6 C 碳 [He]$2s^22p^2$	7 N 氮 [He]$2s^22p^3$	8 O 氧 [He]$2s^22p^4$	9 F 氟 [He]$2s^22p^5$	10 Ne 氖 [He]$2s^22p^6$
			13 Al 铝 [Ne]$3s^23p^1$	14 Si 硅 [Ne]$3s^23p^2$	15 P 磷 [Ne]$3s^23p^3$	16 S 硫 [Ne]$3s^23p^4$	17 Cl 氯 [Ne]$3s^23p^5$	18 Ar 氩 [Ne]$3s^23p^6$
28 Ni 镍 [Ar]$4s^23d^8$	29 Cu 铜 [Ar]$4s^13d^{10}$	30 Zn 锌 [Ar]$4s^23d^{10}$	31 Ga 镓 [Ar]$4s^24p^1$	32 Ge 锗 [Ar]$4s^24p^2$	33 As 砷 [Ar]$4s^24p^3$	34 Se 硒 [Ar]$4s^24p^4$	35 Br 溴 [Ar]$4s^24p^5$	36 Kr 氪 [Ar]$4s^24p^6$
46 Pd 钯 [Kr]$4d^{10}$	47 Ag 银 [Kr]$5s^14d^{10}$	48 Cd 镉 [Kr]$5s^24d^{10}$	49 In 铟 [Kr]$5s^25p^1$	50 Sn 锡 [Kr]$5s^25p^2$	51 Sb 锑 [Kr]$5s^25p^3$	52 Te 碲 [Kr]$5s^25p^4$	53 I 碘 [Kr]$5s^25p^5$	54 Xe 氙 [Kr]$5s^25p^6$
78 Pt 铂 [Xe]$6s^15d^9$	79 Au 金 [Xe]$6s^15d^{10}$	80 Hg 汞 [Xe]$6s^25d^{10}$	81 Tl 铊 [Xe]$6s^26p^1$	82 Pb 铅 [Xe]$6s^26p^2$	83 Bi 铋 [Xe]$6s^26p^3$	84 Po 钋 [Xe]$6s^26p^4$	85 At 砹 [Xe]$6s^26p^5$	86 Rn 氡 [Xe]$6s^26p^6$
110 Ds 𫟼 [Rn]$7s^16d^9$	111 Rg 𬬭 [Rn]$7s^16d^{10}$	112 Cn 鿔 [Rn]$7s^26d^{10}$	113 Uut ?	114 Fl 𫓧 ?	115 Uup ?	116 Lv 𫟷 ?	117 Uus ?	118 Uuo ?

62 Sm 钐 [Xe] $6s^24f^65d^0$	63 Eu 铕 [Xe] $6s^24f^75d^0$	64 Gd 钆 [Xe] $6s^24f^75d^1$	65 Tb 铽 [Xe] $6s^24f^95d^0$	66 Dy 镝 [Xe] $6s^24f^{10}5d^0$	67 Ho 钬 [Xe] $6s^24f^{11}5d^0$	68 Er 铒 [Xe] $6s^24f^{12}5d^0$	69 Tm 铥 [Xe] $6s^24f^{13}5d^0$	70 Yb 镱 [Xe] $6s^24f^{14}5d^0$
94 Pu 钚 [Rn] $7s^25f^66d^0$	95 Am 镅 [Rn] $7s^25f^76d^0$	96 Cm 锔 [Rn] $7s^25f^76d^1$	97 Bk 锫 [Rn] $7s^25f^96d^0$	98 Cf 锎 [Rn] $7s^25f^{10}6d^0$	99 Es 锿 [Rn] $7s^25f^{11}6d^0$	100 Fm 镄 [Rn] $7s^25f^{12}6d^0$	101 Md 钔 [Rn] $7s^25f^{13}6d^0$	102 No 锘 [Rn] $7s^25f^{14}6d^1$

附录三 原子质量表

元素	符号	原子序数	原子质量	元素	符号	原子序数	原子质量
锕	Ac	89	（227）	锿	Es	99	（252）
铝	Al	13	26.9815	铒	Er	68	167.26
镅	Am	95	243	铕	Eu	63	151.966
锑	Sb	51	121.76	镄	Fm	100	（257）
氩	Ar	18	39.948	氟	F	9	18.9984
砷	As	33	74.9216	钫	Fr	87	（223）
砹	At	85	（210）	钆	Gd	64	157.25
钡	Ba	56	137.328	镓	Ga	31	69.723
锫	Bk	97	（247）	锗	Ge	32	72.61
铍	Be	4	9.0122	金	Au	79	196.9655
铋	Bi	83	208.9804	铪	Hf	72	178.49
铍	Bh	107	（262）	𬭶	Hs	108	（263）
硼	B	5	10.81	氦	He	2	4.0026
溴	Br	35	79.904	钬	Ho	67	164.9303
镉	Cd	48	112.412	氢	H	1	1.00794
钙	Ca	20	40.078	铟	In	49	114.818
锎	Cf	98	（251）	碘	I	53	126.9045
碳	C	6	12.011	铱	Ir	77	192.217
铈	Ce	58	140.115	铁	Fe	26	55.845
铯	Cs	55	132.9054	氪	Kr	36	83.798
氯	Cl	17	35.4528	镧	La	57	138.9055
铬	Cr	24	51.9962	铹	Lr	103	（260）
钴	Co	27	58.9332	铅	Pb	82	207.2
铜	Cu	29	63.546	锂	Li	3	6.941
锔	Cm	96	（247）	镥	Lu	71	174.967
𫟼	Ds	110	（271）	镁	Mg	12	24.3051
𬭊	Db	105	（262）	锰	Mn	25	54.938
镝	Dy	66	162.5	鿏	Mt	109	（268）

（续表）

元素	符号	原子序数	原子质量	元素	符号	原子序数	原子质量
钔	Md	101	（258）	𬬻	Rf	104	（261）
汞	Hg	80	200.59	钐	Sm	62	150.36
钼	Mo	42	95.94	钪	Sc	21	44.9559
钕	Nd	60	144.24	𬭳	Sg	106	（266）
氖	Ne	10	20.1798	硒	Se	34	78.96
镎	Np	93	（237）	硅	Si	14	28.0855
镍	Ni	28	58.6934	银	Ag	47	107.8682
铌	Nb	41	92.9064	钠	Na	11	22.9898
氮	N	7	14.0067	锶	Sr	38	87.62
锘	No	102	（259）	硫	S	16	32.067
锇	Os	76	190.23	钽	Ta	73	180.948
氧	O	8	15.9994	锝	Tc	43	（98）
钯	Pd	46	106.42	碲	Te	52	127.6
磷	P	15	30.9738	铽	Tb	65	158.9253
铂	Pt	78	195.08	铊	Tl	81	204.3833
钚	Pu	94	（244）	钍	Th	90	232.0381
钋	Po	84	（209）	铥	Tm	69	168.9342
钾	K	19	39.0938	锡	Sn	50	118.711
镨	Pr	59	140.908	钛	Ti	22	47.867
钷	Pm	61	（145）	钨	W	74	183.84
镤	Pa	91	231.036	鎶	Cn	112	（277）
镭	Ra	88	（226）	铀	U	92	238.0289
氡	Rn	86	（222）	钒	V	23	50.9415
铼	Re	75	186.207	氙	Xe	54	131.29
铑	Rh	45	102.9055	镱	Yb	70	173.04
轮	Rg	111	（272）	钇	Y	39	88.906
铷	Rb	37	85.4678	锌	Zn	30	65.409
钌	Ru	44	101.07	锆	Zr	40	91.224

附录四　术语定义

酸　溶解在水中时产生氢离子的物质；酸可以得到电子对，形成共价键。

锕系元素　元素周期表中 89 到 103 号元素。

炼金术　中世纪和文艺复兴时期的一门学科，试图将其他金属变成黄金。

碱金属　元素周期表第 1 族元素。

碱土金属　元素周期表第 2 族元素。

合金　两种或两种以上金属的混合物。

汞合金　汞和其他金属（比如汞、锡、银）的合金。

分析　研究物质基本成分的过程。

贫血　由缺铁引起的血液功能紊乱。

阴离子　带负电荷的离子。

阳极　电子设备上的一端，电子从该端流向电路。

原子质量　元素中原子的平均质量。

原子序数　原子核中的质子数。

原子　元素的最小单位，由质子、电子和中子组成。

碱　与酸反应形成盐的化合物。碱离子所带的自由电子对可以提供给酸。

催化剂　能加速化学反应而自身没有变化的元素。

阴极　电子设备上的一端，与阳极相对，电子或电流从该端流出电池或电子管。

阳离子　带正电荷的离子。

化学反应　物质分解、与其他物质结合或与其他物质交换电子的转化过程。

叶绿素　光合作用所需的植物中的一类绿色色素。

系数 用来描述元素或化合物相对数量的一种计量单位。

化合物 由两种或两种以上元素组成的物质。

锈蚀 金属暴露在氧气中被腐蚀的过程。

密度 物质的致密性；物质单位体积的质量。

偶极子 分子中互相分离的大小相等的正负电荷或电极。

蒸馏 通过加热使液体蒸发成气体，然后通过冷却使气体冷凝成液体，从而净化混合物的过程。

延展 金属元素的一种特性，使金属可以被拉成线。

电解 电流经过一种物质并打破其化学键的过程。

电解质 能在水中导电的化合物或离子。

电子 原子核周围带负电荷的粒子。

电镀 通过电解的方式，给物质涂上或镀上金属涂层。

元素 不能通过普通化学或物理手段进一步分解的物质。

吸热反应 吸收热量的化学反应。

酶 活细胞产生的蛋白质，在生物体内充当化学反应的催化剂。

放热反应 一种释放热量的化学反应。

细胞外液 体细胞外的液体。

裂变 把物质分成两部分的过程；核裂变是把原子核分裂成更小的部分。

聚变 融合各种元素或化合物的过程；核聚变是指质量较轻原子的原子核结合在一起形成质量较重原子的原子核。

半衰期 物质的一半原子发生衰变所需要的时间。

血红蛋白 红细胞中携带氧气的分子。

细胞内液 体细胞内的体液。

离子 带电荷的原子或分子。

离子键 一个或多个电子在两个带相反电荷的离子之间转移时形成的键。

同位素　原子核中质子数相同，但中子数不同，因此原子质量也不同的化学元素。

镧系元素　镧系元素也叫稀土元素，是元素周期表 57 到 71 号元素。

磁性　某些元素的吸引或排斥性质。

可锻性　金属等物质能被锤打或滚压成薄片的特性。

金属　一类化学元素，包括金、铜、银和锡。金属是电的良导体。

矿物　一种自然形成的物质，具有一致的成分和结构；通常被人们开采出来，有些具有商业价值。

神经递质　体内涉及传递神经脉冲的化学物质，例如肾上腺素和乙酰胆碱。

中子　原子核内带中性电荷的粒子。

惰性气体　元素周期表第 18 族的 6 个元素，这些元素非常稳定，不易形成化合物。

原子核　原子的核心部分，由质子和中子组成。

氧化　物质与氧的化学结合。

元素周期表　化学元素表；根据相似的表现和成分将元素分为族和周期。

荧光材料　受到电子束撞击时会发光的化合物。

光合作用　绿色植物、藻类和某些细菌通过二氧化碳和水产生碳水化合物的过程。叶绿素在该过程中获取并存储能量，该过程释放副产品——氧气。

生成物（化学）　化学反应生成的物质。

质子　原子核中带正电的粒子。

放射性　用于描述具有不稳定原子核材料的术语，如果原子核裂变，这些材料能够自发发射粒子、核子、电子和伽马射线。

反应物 在化学反应中发生变化或转化的物质。

锈 铁暴露于空气和湿气后，在表面形成橙色或微红色的物质。

超氧化物 与氧反应形成强反应性化合物的金属。当超氧化物与水或二氧化碳接触时，会释放出氧气。

合成 元素或简单化合物形成复杂化合物或物质的过程。

暗锈 金属表面由于氧化而变色。

过渡金属 元素周期表中间部分的元素（3—12 族）。

关于作者

朱莉·麦克道尔（Julie McDowell）是华盛顿特区的一位科学记者，她拥有迈阿密大学（位于俄亥俄州牛津市）的文学学士学位（新闻学专业）和约翰斯·霍普金斯大学（位于马里兰州巴尔的摩市）的文学硕士学位（非虚构写作专业）。她是《淋巴系统》一书的合著者，是《神经系统和感觉器官》一书的作者，这两本书都属于格林伍德出版社（位于康涅狄格州韦斯特波特市）出版的“人体”系列丛书。